U0313848

太阳能级多晶硅合金化精炼提纯技术

罗学涛　刘应宽　黄柳青　著

北　京

冶 金 工 业 出 版 社

2020

内 容 提 要

本书全面介绍了合金精炼法在制备太阳能级多晶硅领域中的应用,介绍了当前冶金法制备太阳能级多晶硅的技术进展和相关理论,阐明了合金精炼法通过形成合金相改变硅中硼、磷等关键杂质分凝系数的基本原理,从冶金热力学、动力学角度论述了合金精炼与造渣精炼、酸洗等组合工艺的除杂优势及杂质迁移机理。本书主要内容包括硅铝合金相重构的熔剂精炼及选择性除杂技术、硅铝钙熔剂强化造渣精炼除杂技术、硅铜熔剂强化造渣精炼除杂技术及硅铜合金相分离技术,以及硅基合金(硅铝合金、硅锡合金、硅铜合金)定向凝固除杂技术等。

本书可供材料科学与工程、冶金工程、化学工程等专业的科研人员及高校师生阅读,也可供矿物冶金、冶金分离提纯相关企业技术人员参考。

图书在版编目(CIP)数据

太阳能级多晶硅合金化精炼提纯技术/罗学涛,刘应宽,黄柳青著.—北京:冶金工业出版社,2020.6

ISBN 978-7-5024-8522-1

Ⅰ.①太… Ⅱ.①罗… ②刘… ③黄… Ⅲ.①多晶—硅太阳能电池—精炼(冶金) Ⅳ.①TM914.4

中国版本图书馆 CIP 数据核字(2020)第 088417 号

出 版 人 陈玉千
地 址 北京市东城区嵩祝院北巷 39 号 邮编 100009 电话 (010)64027926
网 址 www.cnmip.com.cn 电子信箱 yjcbs@cnmip.com.cn
责任编辑 刘小峰 曾 媛 美术编辑 郑小利 版式设计 孙跃红
责任校对 王永欣 责任印制 李玉山
ISBN 978-7-5024-8522-1
冶金工业出版社出版发行;各地新华书店经销;三河市双峰印刷装订有限公司印刷
2020 年 6 月第 1 版,2020 年 6 月第 1 次印刷
169mm×239mm;11.75 印张;227 千字;177 页

69.00 元

冶金工业出版社 投稿电话 (010)64027932 投稿信箱 tougao@cnmip.com.cn
冶金工业出版社营销中心 电话 (010)64044283 传真 (010)64027893
冶金工业出版社天猫旗舰店 yjgycbs.tmall.com
(本书如有印装质量问题,本社营销中心负责退换)

前　言

　　随着经济社会的快速发展，我国已经成为世界上最大的能源需求国和消费国。根据国家统计局 2018 年的数据统计，我国 2018 年能源的生产和消费总量分别达到 37.7 亿吨和 46.4 亿吨。其中，清洁能源占能源消费总量的 22.1%，相较去年增长 27.01%。因此，我国利用可再生能源来替代传统能源的趋势愈发明显。常见的可再生能源包括太阳能、风能、潮汐能等。由于太阳能具有天然易得、取之不尽等诸多优势，世界各国先后出台了大规模的优惠政策支撑光伏行业的发展，使之成为发展最快的可再生能源之一。晶体硅是光伏产业的基础材料，在光伏产业快速增长的同时，对多晶硅的需求也在逐年攀升。但目前由于多晶硅消耗巨大，导致原料端短缺，进而出现太阳能级硅的生产成本过高和生产能力不足等问题，世界各国急需寻求低成本太阳能级硅生产工艺。

　　冶金法作为一种制备太阳能级多晶硅的方法，具有成本低、投资少、可实现大规模清洁生产等优点，近年来得到了国内外学者和产业界的广泛关注。典型冶金法提纯方法是基于工业硅物理特性不发生变化而对其中杂质进行逐级净化的制备方法，主要包括酸洗技术、造渣精炼技术、定向凝固技术、真空和电子束精炼提纯技术、等离子精炼技术等。为了进一步提升冶金法提纯路线的效率，可通过合金精炼的方法改变工业硅中关键杂质硼（B）、磷（P）的分凝行为，并结合造渣精炼、酸洗浸出和添加杂质吸附剂金属等强化分离工艺，提高关键杂质 B、P 的去除效率。因此，硅合金化精炼提纯技术拓展了冶金法制备多晶硅的内涵。

　　本书是国内第一本系统阐述合金精炼法在冶金法制备太阳能级多晶硅中应用的学术著作。本书阐述了合金精炼的工艺方法，以及关键杂质 B、P 在合金化过程中的迁移机制和化学重构机理，旨在为合金精炼在冶金法路线中的实际应用提供理论和工艺依据。全书共分 7 章：第 1 章分析当前多晶硅太阳能电池发展趋势和冶金法典型硅提纯工艺，介绍了合金精炼提纯技术的应用背景；第 2 章阐述了合金精炼过程中的相重构与湿法选择性相分离机理；第 3 章介绍了硅铝钙合金精炼对造渣精炼的强化除杂工艺与机理；第 4 章阐述了硅铜合金精炼对造渣精炼除杂的强化作用；第 5 章介绍了硅铜合金的湿法相分离技术与杂质浸出行为；第 6 章阐述了杂质吸附剂强化硅铜合金精炼除杂技术；第 7 章介绍了硅基合金定向凝固除杂技术。

　　本书基于厦门大学罗学涛教授团队与宁夏东梦能源股份有限公司刘应宽董事长及团队多年的产学研合作成果，结合"十二五"国家科技支撑计划"冶金法制备太阳能级多晶硅关键技术研究及工业示范"子课题"渣洗精炼关键技术"和宁夏回族自治区东西部科技合作项目"EDM 法制备晶体硅延伸技术的研究"的研究成果，针对合金精炼除杂提纯技术进行了系统的阐述。

　　本书在编写过程中得到了业界多方的帮助和支持，参考了一些著作、研究报告及学术论文等的图表和数据（详见各章参考文献），特向有关作者表示感谢。宁夏东梦能源股份有限公司的温卫东总经理提供了生产现场条件支持并对书稿提出了建设性意见，陈方明主管和刘邦技术员给予了工艺指导。宁夏东梦能源股份有限公司董事长、教授级高级工程师刘应宽先生对本书进行了审核。厦门大学罗学涛教授课题组黄柳青博士、赖惠先博士、吴浩硕士和沈晓杰硕士等参与了项目的基础研究工作以及本书的编写工作。在此特向所有帮助和支持本书工作的朋友表示由衷的感谢！

　　尽管在编写过程中力求工艺技术介绍全面、应用信息列举充分，但由于作者学识所限，书中不足之处在所难免，恳请广大读者批评指正。

罗学涛　刘应宽　黄柳青

2020 年 3 月 30 日

目　　录

1 绪 论

全球经济的快速发展提高了世界人民的生活水平，但是能源短缺与环境污染等问题也接踵而来。为了逐渐降低人们对化石能源的依赖程度，积极探索和发展绿色可再生能源实现低碳经济，是保持世界经济可持续发展的重要任务。太阳能是重要的可再生能源之一，具有资源无限、清洁环保、安全可靠等特点，在未来的能源结构中占有重要地位[1]。

人类利用太阳能的方式有很多种，主要可以分为太阳能光化学转化、光热转化和光电转化三种方式。从广义上讲，风能、水能和矿物染料等也都来自太阳能。太阳能光化学转化是指在太阳光的照射下，物质发生化学、生物反应，从而将太阳能转化成电能等形式的能量。最常见的是植物的光合作用，在植物叶绿素的作用下，二氧化碳和水在光照下发生反应，生成糖类和氧气，从而完成太阳能的转化。太阳能光热转化是指通过反射、吸收等方式收集太阳辐射能，使之转化成热能，例如在生活中广泛使用的太阳能热水器、太阳能供暖房、太阳能灶和太阳能温室等。太阳能光电转化是指利用光生伏特效应，通过光电转换器件将太阳能转化成电能。最常见的是太阳能电池，常用于如灯塔、微波站、铁路信号、电视信号转播、管路保护等野外工作站供电，海岛、山区、草原和沙漠等边远地区的生活用电，手表、计算器、太阳能汽车和卫星等仪器设备的电源，以及太阳能电站并网发电等领域。在这三种利用太阳能的方式中，太阳能光电转化被认为是太阳能利用中最具现实意义的技术，因此，世界各国都非常重视太阳能光伏发电技术的研发。

目前，晶硅太阳能电池是最为广泛使用的商业化太阳能电池之一，其市场占有率高达85%。使用多晶硅作为原材料制备的硅片是生产太阳能电池的核心材料，多晶硅产业也是光伏产业的上游行业。值得注意的是，多晶硅制备成本是太阳能电池总成本的一半以上（不计算电站成本），降低多晶硅制备成本是减少光伏能源应用成本的重要环节。2016年，全球对多晶硅的需求量是130万吨；2030年，多晶硅的预估需求量将达820万吨；2050年，预估需求量可高达2600万吨，全球多晶硅在光伏供给上有很大缺口。对我国而言，2016年我国多晶硅产量为19.3万吨，需求量达33.4万吨，供求缺口达14.1万吨，缺口占比42.2%；2017年上半年我国多晶硅产量为11.5万吨，需求量达18.8万吨，缺口占比38.8%，2018~2019年我国的实际市场仍然面临50%左右的供求缺口[2]。

多晶硅按纯度可分为冶金级硅（也称工业硅）、太阳能级硅和电子级硅三个等级。冶金级硅（Metallurgical-grade Silicon，MG-Si），纯度为 2N（2N = 99wt. %，N = Nine）；太阳能级硅（Solar-grade Silicon，SoG-Si），纯度为 6N；电子级硅（Electronic-grade Silicon，EG-Si），纯度为 9N~12N。目前，国际上生产太阳能级多晶硅（SoG-Si）的主流方法是改良西门子法[3]。该方法原本是用于制备半导体芯片用的电子级硅，制备成本很高。改良西门子法的工艺复杂、成本能耗高、安全性差且投资门槛高，千吨级规模的多晶硅生产技术长期被欧美等国垄断，我国一直未完全掌握该方法核心技术。我国因没有完全掌握改良法的技术核心，也没有自主知识产权，导致多晶硅生产能耗高、成本高且污染严重，缺少市场竞争力。而且，在生产成本、能耗和环保上与国外都有一定差距，在技术和价格上都受制于人，现仍有超过 40%的多晶硅依赖进口[4~6]。虽然近年来在国家科技部等部门的资助下开展多项技术攻关，在部分环节取得技术突破和拥有自主知识产权，但整体集成技术与国外先进技术有一定的差距。随着我国太阳能级多晶硅市场需求增长迅速，相对落后的太阳能级多晶硅的制备技术已成为制约我国光伏能源发展的瓶颈，严重制约了我国光伏产业的发展。因此，多晶硅市场上亟待开发具有自主知识产权的高效、节能的太阳能级多晶硅清洁生产新技术，为光伏产业的可持续发展和国家能源结构调整提供技术支撑。

为了进一步发展我国的光伏产业，采用低成本、节能环保的技术生产太阳能级多晶硅是光伏产业发展的必然选择。新兴的冶金法具有投资小、成本低、能耗低、绿色环保等优点，适合我国光伏产业未来发展的要求。经过十余年的发展，低成本冶金法已初步实现了规模化生产太阳能级多晶硅成套技术和工艺，为中国多晶硅产业的结构调整，以及晶硅光伏发电平价上网提供了现实的可能[7]。

1.1 多晶硅是太阳能光伏技术的基础材料

1.1.1 太阳能的战略部署

根据美国能源信息署（U. S. Energy Information Administration，EIA）的报告可知，全球的能源消耗和人口均逐年递增，全球对可再生能源的需求量逐年俱增，2030 年全球的能源需求将达到 2005 年的双倍水平（图 1-1）[8]。在巨大的能源需求推动下，世界各国纷纷进行了太阳能战略部署，逐步提高太阳能在本国能源构架中的份额，并出台了光伏产业鼓励政策，包括美国的投资信用补贴政策（Investment Tax Credit，ITC）、日本的"阳光计划"（Sunshine Project of Japan）等[9~11]。纵观世界各国的能源战略，太阳能的研发均为各国未来清洁能源发展的重要方向。国际能源署（International Energy Agency，IEA）发布的《世界能源展望 2016》中预测到 2030 年全球光伏总装机量有望达到 1721GW，占全球发电量的 6.31%；到 2050 年将进一步增加至 4670GW，约占全球发电量的 20%[12]。近 10 年来，全球光伏产业以 40%~50% 的年增长率发展，远远超过年增长率 5%~6% 的半导体工业，全球光伏产业进入了高速发展期。多个机构的研究报告均预测 2040 年太阳能光伏发电总量将占全球发电量的 15%~20%，光伏能源成为 21 世纪最重要的新能源。

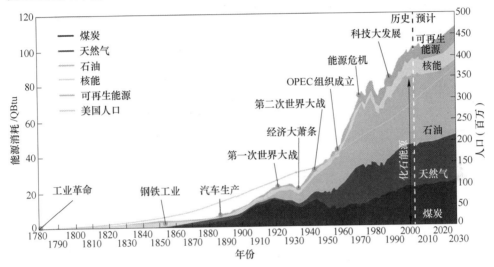

图 1-1　全球能源需求[8]

我国的光伏产业是中国制造的重要部分，也将成为"一带一路"建设的主要力量之一。我国国家能源局在 2016 年发布的《太阳能发展"十三五"规划》中明确了太阳能发电在未来五年的发展目标和方向：2020 年底，我国太阳能发电总装机量超过 110GW，其中光伏发电装机量高于 105GW，占太阳能发电总装机量 95% 以上，太阳能发电的使用总量超过 1.4 亿吨标准煤[13]。2017 年，国家发改委公布的光伏发电补贴政策中提到，电价将下调至 0.65 元/(kW·h)，部分新能源竞标电价将降低至 0.46 元/(kW·h)。这一举措标志着今后新能源上网电价逐年下调成为趋势，最终将实现平价上网。在政策实施过程中，占光伏发电总成本约 15%~25% 的多晶硅将成为重要降价目标。围绕我国可再生能源光伏产业发展对多晶硅原材料的强劲需求，发展低成本、大规模、高效节能、清洁生产的冶金法多晶硅技术是实现我国多晶硅材料产业的可持续发展，促进我国的工业结构转型和能源结构调整的重要途径之一。

1.1.2　太阳能电池对多晶硅的需求

太阳能电池发展主要经历了四个阶段，按照主要材料的特点与电池的性能划分，可分为以下四类。

1.1.2.1　晶硅太阳能电池[14~16]

晶硅太阳能电池主要是以硅片作为基底材料，包括了单晶硅（Mono-crystalline Silicon）、多晶硅（Poly-crystalline Silicon）和非晶硅（Amorphous Silicon）。其中，单晶硅和多晶硅太阳能电池发展历史较早且技术比较成熟，在装机容量一直占据领先地位。图1-2为目前商用晶硅太阳能电池的基本制备流程。单晶硅太阳能电池是硅电池中转换效率最高的，但是该电池生产加工过程能耗相对较高，对原料的纯度要求相当高。此外，单晶硅棒的切片和裁剪所产生的材料损耗也很大，导致生产成本居高不下，从而制约了其在光伏市场中的大量推广和应用。多晶硅太阳能电池是目前市场上应用最为广泛的晶体硅电池，其制作工艺与单晶硅太阳能电池差不多，总的生产成本较单晶硅较低。多晶硅太阳能电池与单晶硅太阳能电池的不同之处在于电池的表面存在多种界面，与单晶硅的（100）晶面相比，得到理想的绒面结构比较困难，因此要有多种形式的减反射处理。目前，国内产业化多晶硅太阳能电池的最佳效率可以达到18%以上。近几年，晶硅电池占整个光伏市场的份额超过85%，其中多晶硅电池占晶硅电池的60%以上。由于高效多晶硅的发展以及电池工艺的不断优化，多晶硅电池的转换效率逐年提升，与单晶硅和类单晶的差距越来越小；此外，生产成本也不断下降。因此，多晶硅太阳能电池占整体商用晶硅太阳能电池的比重越来越高。

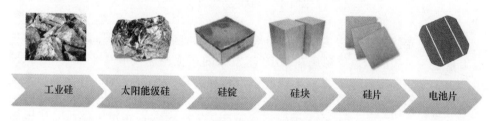

图1-2　晶硅太阳能电池的制备流程

1.1.2.2　薄膜太阳能电池[17]

如图1-3所示，薄膜太阳能电池主要可分为非晶硅（Amorphous Silicon，α-Si）、碲化镉（Cadmium Telluride，CdTe）、铜铟镓硒化物（Copper Indium Gallium Selenide，CIGS）。虽然这类电池使用的半导体材料少，但是电池的性能不稳定、转换效率较低。在这几类薄膜太阳能电池中，硅基薄膜太阳能电池的商业化潜力最大。对于CdTe和CIGS这两类薄膜太阳能电池来说，目前由于成本原因还难以进行大规模商业推广。CdTe薄膜太阳能电池的制备过程中需要使用到碲（Te）和镉（Cd）作为原材料，Cd的毒性较大，在生产及应用过程中都存在一定的隐患；Te的价格昂贵，造成CdTe太阳能电池的成本较高，不利于进行广泛推广。

对于 CIGS 薄膜太阳能电池来说，昂贵、稀少的原料硒（Se）和复杂的制备工艺流程，都是限制 CIGS 太阳能电池发展及应用的很大阻碍。

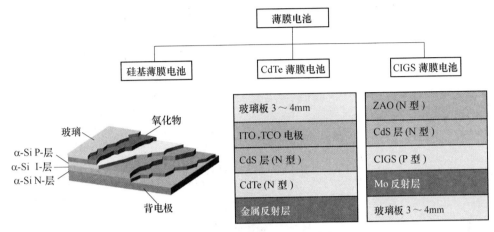

图 1-3　薄膜太阳能电池分类[17]

1.1.2.3　量子点型太阳能电池[18,19]

量子点型太阳能电池是利用 19 世纪爱尔兰物理学家 George Stokes 发明的斯托克斯位移法，设计成为结合硒化镉（CdSe）和硫化镉（CdS）两种不同材料的量子点，并应用在太阳能电池中。如图 1-4 所示，小型的 CdSe 核心作为发射核心，而 CdS 厚壳则扮演集光天线的角色。由于 CdS 的能隙较 CdSe 更宽，由 CdSe 核心发射的光表现出更大的低能量转移。该策略导致大量的斯托克斯位移，从而有助于减少吸收损失。这种电池的特点是利用量子点结构，降低电池成本并提高光电转换效率。目前，这类电池仅仅是概念性和基础性研究。

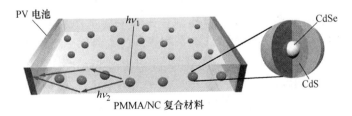

图 1-4　量子点技术在太阳能电池中的应用[18]

1.1.2.4　复合型薄膜太阳能电池[20]

复合型薄膜太阳能电池是将电池的吸光薄膜做成多层结构，其本质仍然是薄膜太阳能电池。挪威 EnSol 公司与英国莱斯特大学首次成功研制出复合型薄膜太阳能电池。如图 1-5 所示，这种复合型薄膜太阳能电池主要利用了金属离子的表面等离子体共振效果，并应用于电子释放。这种复合型薄膜太阳能电池和量子点型太阳能电池的区别在于使用了金属纳米粒子代替了量子点半导体颗粒。据新闻报道，该电池中的金属纳米粒子可在光照条件激发下产生出"热电子（Hot electrons）"并产生电动势。这种复合型薄膜太阳能电池的吸收光谱范围大，具有极高的光电转换效率。目前，这种复合型薄膜太阳能电池仍处于实验室研发阶段。

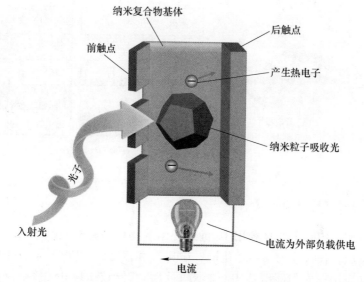

图 1-5 复合型薄膜太阳能电池机理图[20]

目前，已经成功实现产业化的主要是晶硅太阳能电池，有成熟的产业链，占据着光伏市场的绝对主导地位。图 1-6 为晶硅太阳能电池的产业链。太阳能电池的产业链中每一个环节都影响着生产成本。晶硅太阳能电池的成本主要由太阳能级多晶硅锭或单晶硅棒、硅片、电池制作工艺和电池组件四部分构成[21]；从 2010 年到 2019 年，随着各环节的技术不断提升，多晶硅电池的成本比重发生了明显变化。其中，电池组件的成本比重最高，依次是电池制作工艺、硅片和硅锭原料。由于硅片切割技术的优化，金刚线切割技术不断开发，硅片的厚度由过去的 180μm 降低到 150μm，甚至更薄；单锭出片量大幅提高，成片率也有所提升；进而大大降低了硅片的成本[22]。由于电池工艺的改进，以及组件封装技术的不断提高，进而电池效率也水涨船高，所以电池制作成本和组件成本也相应地下降[23]。

欧洲光伏产业协会（European Photovoltaic Industry Association，EPIA）针对产业化的太阳能电池所占的市场份额进行了统计[24]。在 2017 年前，光伏市场各组件份额趋势如图 1-7 所示。由图可知，从 2009 年到 2017 年，晶体硅太阳能电

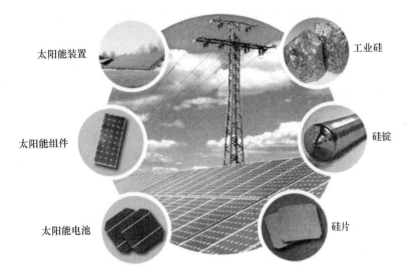

图 1-6 晶硅太阳电池产业链

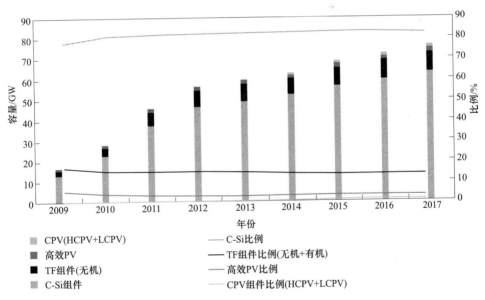

图 1-7 2009~2017 年光伏组件生产容量（GW）[24]

池的年度组件安装量从 13GW 增加到 60GW 以上，占据光伏市场总额的 80% 以上，处于主导地位。薄膜太阳能电池虽然年度安装量在增加，但是所占市场份额逐渐下降，到 2017 年约占 13%。高效太阳能电池所占的市场份额很小，不到 5%。聚光型太阳能电池以及有机太阳能电池所占的市场比重更小，到目前为止市场份额没有超过 1%。因此，可预见在未来的数年内，晶体硅太阳能电池仍然是市场的主体产品，高品质太阳能级晶体硅仍将有很大的市场需求[25]。

1.2   晶体硅材料的性质及其制备方法

1.2.1   硅的半导体特性

如图 1-8 所示，晶体硅的原子排列结构和金刚石结构相似，原子密度为 $5 \times 10^{22}/cm^3$。图中连接硅原子之间的短线代表一个共价键，由被连接的两个硅原子各出一个价电子形成。硅原子相互结合形成晶体靠的就是硅原子外层 4 个价电子与周边 4 个硅原子的各一个外层价电子组合形成 4 个共价键；这种结合模式对每个硅原子都是等同的，均贡献出 4 个电子与周边 4 个原子共享，同时共享由这 4 个原子提供的 4 个电子，每个硅原子的外层电子轨道因此都得到饱和，能量降低，这也是它们共同组成稳定硅晶体的原因。若晶体排列不出现缺陷，那么这种完美的键合排列会一直延伸到硅晶体的表面。然而，晶体内部排列缺陷是无法避免的，完美结构在缺陷和表面处的中断都会影响半导体的光伏性能[26~30]。

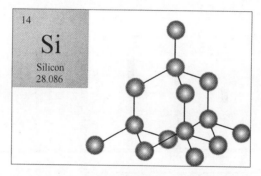

图 1-8   晶体硅原子排列结构示意图

在绝对零度下，纯硅晶体没有导电能力，因为所有的外层电子均被束缚在共价键中。硅晶体导电能力随着温度的升高而提高。这是因为热振动会使得共价键中的电子被激发而脱离束缚，温度越高，热振动越剧烈，从而导电率也相应提高了。如果在纯硅晶体中掺入具有不同价电子数的元素，半导体的导电率将发生改变。图 1-9 是 P 型和 N 型硅半导体中的共价键结构示意图。磷的原子尺寸合适，加入硅中后能够取代硅原子而进入其金刚石结构点阵；由于磷原子外层有 5 个价电子，比硅原子多一个价电子，因此在这个结构中每进来一个磷原子就会有一个多余电子。通过磷原子的掺杂，硅中的自由电子浓度升高，掺入的磷原子个数即为增加的电子数量。因其引入的载流子带负电荷而得名，这种掺杂被称为 N 型掺杂，所得的半导体称为 N 型半导体，磷原子由于提供电子而被称为施主；硼的原子外层有 3 个价电子，比硅少一个，加入硅中后同样能够取代硅原子而进入到金刚石结构点阵中。每进来一个这样的原子就会使一个共价键缺少一个电子，在硅的价带上形成一个空穴（带正电荷）。这种掺杂被称为 P 型掺杂，所得的半导体称为 P 型半导体。这类掺杂元素被称为受主，当它进入硅晶体结构以后，它引起的空穴很快就会被随机热运动的某个相邻价电子填入，这类掺杂元素因提供空穴而被称为受主。

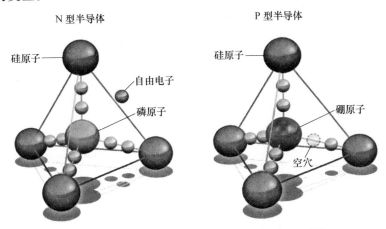

图 1-9　N 型和 P 型硅半导体的共价键结构示意[27]

图 1-10 为 N 型和 P 型硅半导体的能带结构示意图。对于 N 型半导体来说，磷引入的电子能级在硅晶体能带结构中是处于一个低于但十分接近硅晶体导带底部的位置，半导体中的电子很容易跃迁至硅的导带而成为自由电子。硼引入的电子能级高于但十分接近硅晶体的价带顶，这意味着价带中的电子很容易跃迁到这个能级，而在价带中留下空穴。

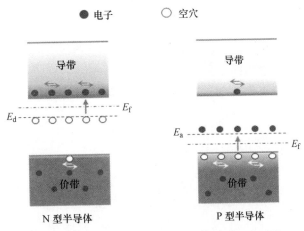

图 1-10　N 型和 P 型硅半导体的能带结构示意[28]

将 P 型半导体和 N 型半导体结合在一起，就形成了 PN 结。如果在已经做好的一种掺杂的硅晶体衬底上外延生长另一种掺杂的硅晶体，或者将此衬底从表面以离子注入或扩散的方式进行另一种掺杂，其浓度超过补偿抵消衬底原有的掺杂水平，都可以制成 PN 结。N 型区电子浓度较 P 型区高，电子会由 N 型区向 P 型区扩散，同样空穴会由 P 型区向 N 型区扩散。如图 1-11 所示，太阳能电池表面受光面附近将会有大量的非平衡载流子被光子激发产生；在内建电场的驱动下，形成从 N 型区向 P 型区的电流；连接外界电路后就形成了电流。这就是硅半导体的光伏发电原理。

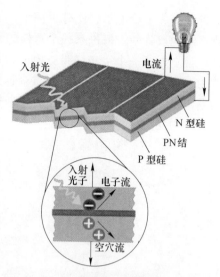

图 1-11　太阳能电池光电转换原理[29]

综上所述，晶体硅具有良好的半导体材料特性，它是太阳能光伏的基础材料，它的品质对太阳能电池的效率有着深远的影响。接下来将详细介绍冶金级硅和太阳能级硅的相关制备工艺。

1. 2. 2　冶金级工业硅的制备技术

工业硅是通过矿热炉将原料石英矿石和焦炭进行高温熔化反应，主要利用了碳热还原反应将二氧化硅还原为硅。矿热炉的冶炼是一个复杂的物理化学反应过程，通过硅石与碳质还原剂在高温电弧作用下进行还原反应获得工业硅，电极冶炼区的局部图如图 1-12 所示。

图 1-12　矿热炉冶炼电极冶炼区（局部图）

冶炼过程中的部分化学反应式如下：

$$SiO_2(s) + C(s) === SiO(l) + CO(g) \qquad (1\text{-}1)$$

$$SiO(g) + C(s) === Si(l) + CO(g) \qquad (1\text{-}2)$$

$$SiO_2(s) + 2C(s) === SiC(s) + CO(g) \qquad (1\text{-}3)$$

$$SiO_2(s) + 2SiC(s) === 3Si(l) + 2CO(g) \qquad (1\text{-}4)$$

值得注意的是，原材料和矿热炉冶炼工艺的差异将会对工业硅的成分产生显著影响[30]。矿热炉冶炼后得到的工业硅（MG-Si）的 Si 含量一般在 99% 左右，杂质的富集状态不尽相同，其分凝系数见表 1-1。主要可以分为两类：一类是金属杂质，主要有铁（Fe）、铝（Al）、钙（Ca）；另一类是非金属杂质，主要有硼（B）、磷（P）。在工业硅的凝固过程中，杂质在硅固相和硅熔体中的溶解度不同，分凝系数（k）也称分配系数，即表示杂质在硅固相中的溶解度与硅熔体中的溶解度的比值。分凝系数可通过式（1-5）表达：

$$k = \frac{C_S}{C_L} \qquad (1\text{-}5)$$

式中，C_S 和 C_L 分别为杂质在硅固相和硅熔体中的浓度。k 的数值会随着凝固的温度产生变化。工业硅中的典型杂质在硅熔点时的分凝系数见表 1-1。当 k 的数值越小时，说明杂质在凝固过程中更趋于聚集在液相中，金属类杂质，如 Fe、Ca、Al 等，具有比较小的分凝系数，在凝固过程中容易偏析在晶界或者晶体表面。当 k 的数值较大时，说明杂质在凝固过程的偏析不明显，非金属杂质，如 B、P、O、C，具有较大的分凝系数，在凝固过程中趋于聚集在硅的基体中。因此，工业硅中的杂质富集状态和其分凝系数有重要的关系，工业硅凝固前后的杂质富集状态如图 1-13 所示。

表 1-1 工业硅中典型杂质的分凝系数[31]

元素	k	元素	k
B	0.8	Ti	2×10^{-6}
P	0.35	V	4×10^{-6}
Fe	6.4×10^{-6}	Mg	1.6×10^{-3}
Al	3×10^{-2}	Cr	1.1×10^{-5}
Ca	1.6×10^{-3}	Cu	8×10^{-4}
Ni	1.3×10^{-4}	Sn	3.3×10^{-2}
Mn	1.3×10^{-5}	Co	2×10^{-5}

1.2.3 化学法太阳能级硅的制备技术

早期太阳能级硅是从电子级硅废料、边角料、锅底料等获得的。而经初始工业硅化学方法（主要为改良的西门子方法）提纯后得到的太阳能级多晶硅的价值为冶金级硅的 10 倍以上[32]。太阳能级硅可直接用于生产市场上的太阳能电池

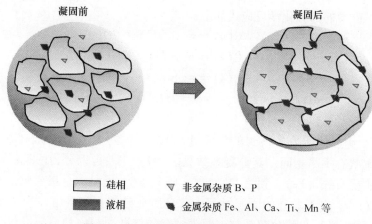

凝固前 凝固后

□ 硅相 ▽ 非金属杂质 B、P

■ 液相 ◆ 金属杂质 Fe、Al、Ca、Ti、Mn 等

图 1-13 工业硅凝固前后的杂质富集状态

的硅材料。太阳能电池对多晶硅的纯度要求要远低于电子级多晶硅和半导体级多晶硅，太阳能级多晶硅可以满足目前的晶硅电池工艺和电池效率。太阳能级多晶硅的品质和杂质浓度息息相关，主要包括了受主/施主杂质浓度、金属杂质浓度、氧浓度、碳浓度等。

在特定的电池工艺前提下，电池的转换效率会随着杂质浓度的减少而提高，直到硅片体少子寿命不再成为转换效率的主要影响因素。但是随着电池工艺的改善，电池效率的提高对硅片体少子寿命又会有新的要求，从而会对多晶硅的杂质浓度有新的要求。据报道，不同金属杂质对电池转换效率的影响不同[33]。例如，在 P 型硅电池中，电池转换效率对钽（Ta）、钼（Mo）、铌（Nb）、锆（Zr）等十分敏感。我国国家质量监督检验检疫总局和国家标准化管理委员会在 2010 年首次发布了太阳能级多晶硅国家标准 GB/T 25074—2010，见表 1-2。

表 1-2 太阳能级多晶硅等级指标 （GB/T 25074—2010）

指 标	1 级品	2 级品	3 级品
施主杂质浓度/ppta	≤1.5	≤3.76	≤7.74
受主杂质浓度/ppta	≤0.5	≤1.3	≤2.7
少数载流子寿命/μs	≥100	≥50	≥30
氧浓度/atoms·cm^{-3}	≤1.0×10^{17}	≤1.0×10^{17}	≤1.0×10^{17}
碳浓度/atoms·cm^{-3}	≤2.5×10^{16}	≤4.0×10^{16}	≤4.5×10^{16}
总金属杂质浓度/ppmw	≤0.05	≤0.1	≤0.2

注：ppta 是原子千亿分之一（10^{-12}），pptw 是质量千亿分之一（10^{-12}），ppbw 是质量十亿分之一（10^{-9}），ppmw 是质量百万分之一（10^{-6}）。全书统一用此表述形式。

此外，为表述方便，如无特别说明，书中表示含量的"%"均为质量分数；为便于读者阅读与明显区分，书中用"wt.%"表示质量分数，"at.%""mol.%"表示摩尔分数。

目前国外多晶硅的生产方法主要有改良西门子法、硅烷法和流化床法，它们分别占据了国际市场份额的 87%、10% 和 2%，如图 1-14 所示。接下来将对各个工艺进行介绍。

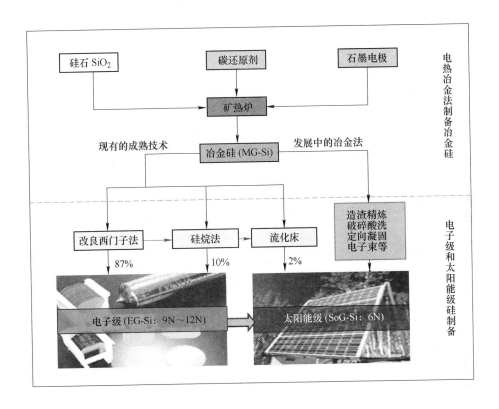

图 1-14　太阳能级多晶硅生产方法

1.2.3.1　西门子法[5,29]

西门子法提纯高纯硅技术是由德国 Siemens 公司于 1954 年发明。如图 1-15 所示，西门子法的主要工艺流程是：

（1）准备高纯 H_2、Cl_2 和 HCl 气体。

（2）用 HCl 将 MG-Si 反应为 $SiHCl_3$。主要反应如式（1-6）所示，同时伴随着反应（1-7）的产生：

$$Si(s) + 3HCl(g) \Longrightarrow SiHCl_3(g) + H_2(g) \tag{1-6}$$

$$Si(s) + 4HCl(g) \Longrightarrow SiCl_4(g) + 2H_2(g) \tag{1-7}$$

（3）将生成的 $SiHCl_3$ 进行多级加压粗馏和精馏提纯，没有反应完全的 $SiCl_4$

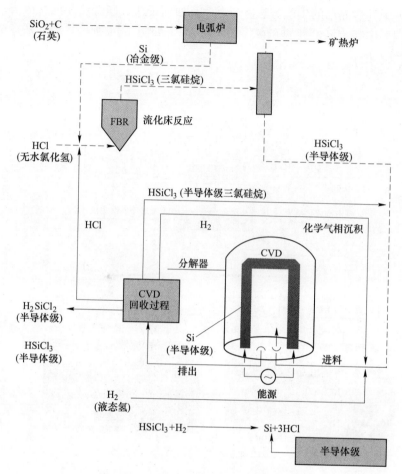

图 1-15　西门子法制备高纯硅工艺流程

（图片来源：http：//www.hscpoly.com/content/hsc_prod/manufacturing_overview.aspx）

被循环到氢化炉内：

$$3SiCl_4(g) + 2H_2(g) + Si(s) \Longrightarrow 4SiHCl_3(g) \tag{1-8}$$

（4）最后将 $SiHCl_3$ 气体通入西门子反应炉内，在 1100℃下用 H_2 还原、气相沉积得到 EG-Si。炉内发生的重要化学反应式如下：

$$SiHCl_3(g) + H_2(g) \Longrightarrow Si(s) + 3HCl(g) \tag{1-9}$$

炉内的反应产物除了沉积得到的高纯多晶硅，还有大量的尾气，如 $SiHCl_3$、$SiCl_4$、HCl、H_2 等。正常情况下，每生产 1t 多晶硅将会产生 10~15t $SiCl_4$ 等副产品。这些副产品如果不加以回收利用和处理，将会对环境产生巨大压力。因此，还需对反应尾气进行回收分离、利用。改良西门子法是第三代西门子法，与前两代相比，它实现了 HCl 尾气及 $SiCl_4$ 废料的全循环利用，经过 60 年的发展，现已成为多晶硅的主流生产技术，国外大多数厂家采用此法，如美国 Hemlock、MEMC，德国 Wacker 和挪威 REC 等。

1.2.3.2　硅烷法[34]

硅烷法是改良西门子法的不同形式，差别在于中间物是硅烷 SiH_4 而非 $SiHCl_3$。目前市场上有三种主流的生产工艺，分别是日本小松电子材料公司发明的 Komatsu 硅镁合金法、美国 Union Carbide 公司发明的氯硅烷歧化法和美国 MEMC 公司发明的金属氢化物硅烷法。其中，美国 Union Carbide 公司发明的氯硅烷歧化法是目前市场占有量最大的方法。如图 1-16 所示，它的主要生产工艺路线如下：

（1）采用流化床对 $SiCl_4$ 进行氢化，化学反应式如下：

$$SiHCl_3(g) + H_2(g) \Longequal Si(s) + 3HCl(g) \tag{1-10}$$

（2）$SiHCl_3$ 经过两个再分配反应生成硅烷：

$$2SiHCl_3(g) \Longequal SiH_2Cl_2(g) + SiCl_4(g) \tag{1-11}$$

$$3SiH_2Cl_2(g) \Longequal SiH_4(g) + 2SiHCl_3(g) \tag{1-12}$$

（3）硅烷经过精馏进入西门子反应炉中，热解并在加热的硅芯上沉积生成多晶硅。如反应式（1-13）所示：

$$SiH_4(g) \Longequal Si(s) + 2H_2(g) \tag{1-13}$$

硅烷法中硅烷的生产过程复杂，中间产物要经过多次的精馏，消耗能量较高。此外，硅烷易发生爆炸，安全稳定性差。因此，硅烷法一直不能成为多晶硅的主流方法。

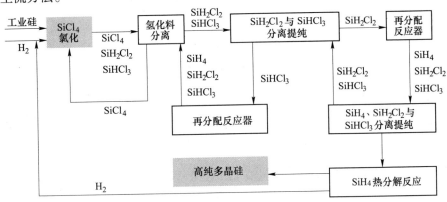

图 1-16　硅烷法制备高纯硅工艺流程[34]

1.2.3.3　流化床法[35]

流化床法最早是由美国 Ethyl 公司所研发，是西门子法的改进版。图 1-17 为流化床反应器的示意图。与传统西门子法相比，具有以下几个特点：一是采用氟化硅碱来取代金属硅；二是采用流化床反应器取代西门子反应器；三是最终的产物是颗粒状多晶硅。虽然流化床反应器能够有效提高硅粉的产率，但是生产硅粉的纯度有限，只能达到6N，对于生产高效率太阳电池仍有困难。现有德国Wacker公司采用该技术。

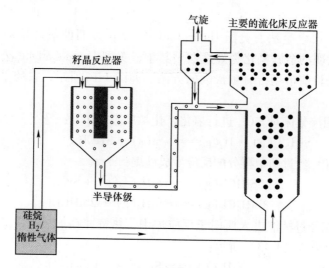

图 1-17　流化床反应器[35]

目前，我国在采用西门子法生产多晶硅方面取得了显著进步。但是，我国在环保、能耗和产能上与国外还是有一定的差距[5,34]。从环保上看，国外已实现了全循环生产，而我国每产 1t SoG-Si，就有 10t 以上易爆、有毒的 $SiCl_4$ 废物等待处理，HCl 回收率较低；从能耗上看，国际上 SoG-Si 能耗只有 120~140kW·h/kg，我国能耗是 220~240kW·h/kg；从产能上看，我国多晶硅企业产能过剩，但因技术等问题，产量却不足，每年仍需进口 40% 以上的多晶硅。因此，随着太阳能应用规模的不断扩大，市场上对高品质多晶硅的需求与日俱增，工业上急需研发一种低成本制备太阳能级硅的新工艺。

1.3　冶金法太阳能级硅主要提纯技术

1.3.1　冶金法多晶硅提纯技术进展

冶金法制备多晶硅技术是利用杂质元素和硅元素之间的物理化学性差异，以硅材料不发生化学反应为前提条件，采用物理和化学反应将冶金级硅中杂质依次进行精准去除的方法，国内外典型冶金法技术路线如图 1-18 所示。冶金法工艺包括：造渣精炼[36]、酸洗浸出[37]、定向凝固[38]、等离子氧化精炼[39]、电子束精炼[40]等。

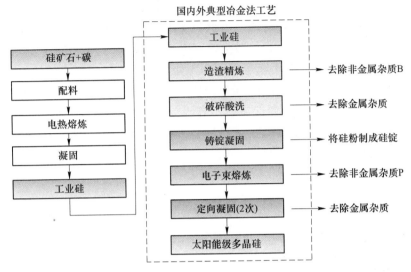

图 1-18 国内外典型的冶金法技术路线

早在 30 多年前，国外就开展了冶金法制备多晶硅的研究，其中日本和挪威研究较早，但批量化规模化生产是在最近十年开始的。国内外主要采用的冶金法工艺路线如图 1-2 所示。国外高校对冶金法制备多晶硅进行了广泛研究，如日本东京大学、挪威科技大学、加拿大多伦多大学、韩国延世大学等。此外，美国 Hemlock Semiconductor 公司、挪威 Elkem 公司、日本 JEF 钢铁株式会社和加拿大 Timminco 公司（简称 6N 公司）等相继采用冶金法进行多晶硅的批量生产。美国 Hemlock Semiconductor 公司采用了造渣精炼、真空氧化精炼（通湿氢气和水蒸气）、定向凝固除金属的技术，得到了 B、P 含量小于 0.3ppmw 的多晶硅。挪威 Elkem 公司采用了造渣精炼、酸洗除杂、再定向凝固的技术，将生产的高纯 Si 按 1:4 的比例与 EG-Si 对掺用于多晶硅铸锭。日本 JEF 公司采用了电子束除 P、等离子体下通 O_2 和水蒸气精炼除 B、二次定向凝固除金属的技术，得到了 SoG-Si，已能年产 400t。加拿大 Timminco 公司采用 Al-Si 二元系熔析除 B、真空除 P、定向凝固除金属的技术，得到了 B、P 含量分别为 1ppmw、4ppmw 的 5N 高纯硅。由上可见，国外都是从冶金硅（MG-Si）开始，把造渣和酸浸除杂、真空和氧化精炼、等离子束和电子束、定向凝固和合金精炼等除杂方法有机地组合起来，达到逐级提纯到 SoG-Si 的目的。

我国冶金法多晶硅的研发几乎与国外同步，在核心技术基础研发方面，大连理工大学、厦门大学、昆明理工大学、中科院过程工程研究所、东北大学等高校及科研院所开展了大量的工作，整体处于国际先进水平。在产业化生产方面，我国开展冶金法多晶硅生产的企业有宁夏东梦能源股份有限公司、上海普罗新能源公司、青岛昌盛日电太阳能科技股份有限公司、南安三晶阳光电力有限公司、佳科太阳能硅（厦门）有限公司、河南南阳迅天宇科技（硅品）有限公司、锦州新世纪石英（集团）有限公司等。大部分企业采用的是传统的冶炼提纯技术，产品纯度达到 4N~5N 的水平，其转化效率可超过 14%。但存在工艺落后、装备简陋、集成度低、产品质量不稳定等问题，如何进一步提高产品纯度，降低硼、磷及金属等主要杂质含量，增强系统集成性，实现稳定规模化生产，仍是业界的普遍难题。2017 年，宁夏东梦能源股份有限公司自主研发"东梦晶体硅提纯集成技术"（简称 EMD 法），取得了物理冶金法制备太阳能级多晶硅的新突破。经过国家（科技部"十二五"支撑计划）和地方的重点支持及多年努力，我国冶金法多晶硅技术在产业化已经走在世界前列。

1.3.2 造渣精炼提纯技术

造渣精炼（Slag Treatment）是利用杂质的氧化性差异，在熔融硅中添加渣剂，使得硅中的杂质通过氧化生成化合物进入到渣相中，最后通过渣硅分离得以去除。利用造渣精炼原理，可以有效去除硅中易被氧化的杂质。由于硅中杂质 B 与硅的分凝系数十分接近，其饱和蒸气压远远低于硅的饱和蒸气压，因此，利用定向凝固、真空熔炼或电子束熔炼手段无法将杂质 B 去除，但是 B 的氧化物在蒸气压和偏析方面表现出与硅的差异性，可以将其氧化去除。因此，通过造渣精炼可以有效去除硅中的杂质 B，使其含量达到太阳能级多晶硅的标准。

如图 1-19 所示，杂质 B 在造渣精炼过程中的迁移可以分为以下几个步骤：

（1）硅相中的杂质 B 扩散到渣硅界面；

（2）杂质 B 在渣硅界面被氧化，生成硼氧化合物；

（3）硼氧化合物从渣硅界面扩散到渣相中。

由于渣硅界面处的氧化反应发生的速度很快，因此，杂质 B 在精炼过程中的控制步骤取决于其在硅相或渣相中的迁移速率[42]。

接下来将对杂质 B 在渣硅界面处的氧化反应进行介绍。

渣剂的化学性质是影响杂质 B 分凝行为的重要因素。渣剂中氧离子的活度，即渣剂的碱度将会影响杂质 B 的分配系数 L_B。一般使用光学碱度（Λ）作为渣剂碱度的量度，可以表示为 $a_{O^{2-}} = f(\Lambda)$。例如，Na_2O-SiO_2 渣剂的光学碱度可以用式（1-14）进行表达：

$$\Lambda = \frac{x_{Na_2O} n_{Na_2O} \Lambda_{Na_2O} + x_{SiO_2} n_{SiO_2} \Lambda_{SiO_2}}{x_{Na_2O} n_{Na_2O} + x_{SiO_2} n_{SiO_2}} \tag{1-14}$$

式中，x_i 和 Λ_i 分别为渣剂成分 i 的摩尔分数和光学碱度；n 为化学式中的氧原子的数量。已知，Λ_{Na_2O} 和 Λ_{SiO_2} 的值分别是 1.15 和 0.48[43]。因此，已知成分渣剂的

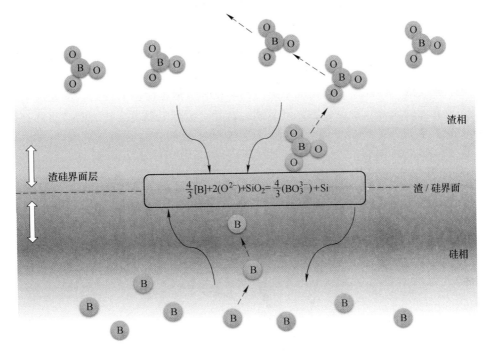

图 1-19 造渣精炼去除工业硅中杂质硼的机理

光学碱度可通过式（1-14）计算而得。

在造渣精炼的过程中，杂质 B 的去除机理可由式（1-15）表达：

$$[B] + \frac{3}{4}SiO_2(1) + \frac{3}{2}O^{2-} \xrightarrow{\hspace{1cm}} BO_3^{3-} + \frac{3}{4}Si(1) \tag{1-15}$$

该化学反应的平衡常数 K 可通过式（1-16）进行计算，a_i 为渣剂成分 i 的活度：

$$K = \frac{a_{BO_3^{3-}}}{a_B a_{O^{2-}}^{3/2}} \left(\frac{a_{Si}}{a_{SiO_2}} \right)^{3/4} \tag{1-16}$$

分配系数 L_B 是杂质 B 在渣硅两相中的浓度的比值。通过改写式（1-16）可得式（1-17）：

$$L_B = \frac{(B)}{[B]} = K \frac{\gamma_B a_{O^{2-}}^{3/2}}{f_{BO_3^{3-}}} \left(\frac{a_{SiO_2}}{a_{Si}} \right)^{3/4} \tag{1-17}$$

式中，γ_B 和 $f_{BO_3^{3-}}$ 分别为杂质 B 在硅相中和硼酸盐在渣相中的活度系数；（B）和 [B] 分别为杂质 B 在渣硅两相中的浓度。

渣剂的氧势可通过熔体中的 Si 和 SiO_2 的平衡反应计算：

$$Si + O_2 \xrightarrow{\hspace{1cm}} (SiO_2) \tag{1-18}$$

由式（1-17）和式（1-18）可知，L_B 取决于渣剂的碱度及氧势，提高渣剂的碱度和氧势可以促进造渣精炼过程中杂质 B 的去除。图 1-20 为不同渣剂的光学碱度对 L_B 的影响。在大部分渣剂体系中，L_B 的值随着渣剂碱度的增加都经历了一个先增长后减小的过程。当渣剂碱度增高时，渣剂中的 SiO_2 含量降低从而引起氧势变低。因此，一般情况下渣剂的碱度和氧势不能同时提高，而是应该通过调整渣剂的成分获得最佳的除 B 效果。此外，渣剂的黏度也将影响杂质 B 在熔体中的扩散过程。因此，很多学者[44~48]选择在渣剂中添加相应的助溶剂，如 CaF_2、$CaCl_2$ 等。

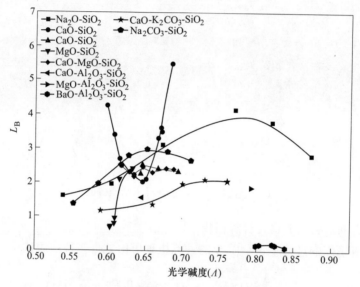

图 1-20 不同渣剂的光学碱度对杂质 B 分配系数的影响[51~56]

为了进一步提高造渣精炼的除硼效率，昆明理工大学 Wu 等人[49,50]将吹气精炼与造渣精炼两种工艺进行有机结合。该组合工艺的基本思路是，在渣硅熔体中通入 $Ar-H_2O-O_2$ 可促进 SiO_2 的生成，有利于硅中杂质 B 的氧化并促进生成的硼氧化合物进入到渣相中，从而加速硼化物的蒸发。

1.3.3 酸洗浸出提纯技术

酸洗（Acid Leaching）主要用于去除工业硅中的金属杂质，它的主要优势在于能够在较低温度下操作且能耗低，可以获得相对均质的硅粉。由于金属杂质在工业硅中的分凝系数很小，在凝固过程中金属杂质会偏析到硅的晶界处或表面，最终形成沉淀相[57]。硅的耐腐蚀性强，除了 HF 在强氧化性条件下会腐蚀硅之外，其余的酸几乎都不与硅发生反应。Chu 等人[58]对比了不同酸对工业硅中杂质的浸出效果，杂质去除率从高到低分别为：王水 >HNO_3+ H_2SO_4 混合酸>HCl。

Santos 等人[59]通过 HCl（16%，80℃，5h）和 HF（2.5%，80℃，2h）两次酸洗将工业硅纯度提高至 99.9%。当对工业硅进行破碎时，裂纹会沿着杂质聚集的晶界处延伸。因此，合适的工业硅颗粒粒径可以提高酸洗浸出效率。Juneja 等人[60]认为工业硅颗粒的粒径应小于 150μm；而 Dietl 等人[61]持不同观点，他们认为工业硅颗粒粒径应小于 20μm。Margarido 等人[62]认为粒径太小的颗粒不利于提高杂质浸出率。原因在于小颗粒往往聚集着一些难溶杂质相，且表面张力大容易吸附酸洗反应产生的气体，从而隔绝与酸液的接触。Margarido 等人[37,63]根据 Si-Fe 合金的酸洗现象提出了破碎酸洗模型（cracking shrinking model）。如图 1-21 所示，该模型也被广泛用于工业硅及合金的酸洗过程动力学计算[64~66]。

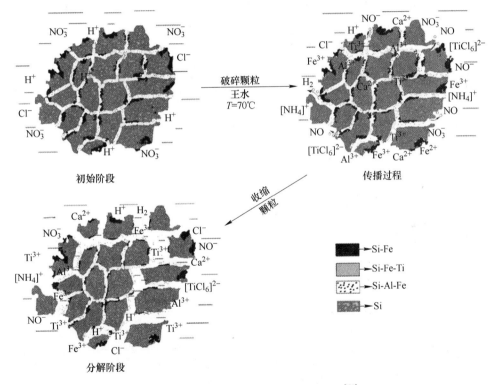

图 1-21　工业硅王水酸洗破碎收缩模型[64]

1.3.4　定向凝固提纯技术

定向凝固（Directional Solidification）就是利用元素的分凝行为进行提纯的一种方法[67,68]。工业硅中的主要金属杂质 Fe、Ca、Al、Mn 等，这些金属杂质分凝系数远远小于 1。金属杂质在固相中的固溶度较液相中溶解度小得多，因此，在凝固过程中，通过控制温度场的变化，金属杂质在固液界面处发生分凝并逐渐向液相中富集。凝固结束以后，杂质富集于最后凝固的部分，将硅锭最后凝固的部分切除，即可实现硅中金属杂质的去除。研究表明，单次定向凝固可以使冶金级硅中的金属杂质含量降低两个数量级以上[69]。假设固液界面达到平衡的状态，可以运用谢尔方程（Scheil's equation）对杂质在凝固过程的再分配情况进行计算[70]：

$$C_S = k_{eff} C_0 (1 - f_S)^{k_{eff}-1} \qquad (1-19)$$

式中，C_S 为固相中的杂质浓度；C_0 为液相中的初始杂质浓度；k_{eff} 为有效分凝系数；f_S 为已凝固的固相在熔体中的占比。

硅凝固过程中的固相占比量和杂质浓度的关系如图 1-22 所示。学者一般使用谢尔方程来对凝固过程中杂质的扩散进行计算[71~75]。

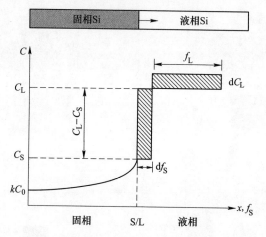

图 1-22　硅凝固过程中的固相占比量和杂质浓度的关系

1.3.5　电子束熔炼提纯技术

电子束熔炼（Electron Beam Melting，EBM）是通过能量密度很高的电子束对材料表面进行轰击使其熔化的一种方法[76]。电子束熔炼技术在多晶硅提纯领域得到了广泛的应用，图 1-23 为典型的连铸电子束熔炼设备示意图[77]。在高真空状态下进行电子束熔炼，硅材料会很快熔化，硅中饱和蒸气压较大的杂质如 P、Al、Ca 等能够从液相中扩散到气相中。Pires 等人[78,79]利用电子束熔炼将工业硅的纯度提高至 5N。Peng 等人[80]报道了电子束熔炼可将硅中杂质 Al 的浓度降低至 0.5ppmw。Tan 等人[81,82]利用电子束熔炼成功去除了硅原料中 99% 的杂质 P；此外，在高温高真空的条件下，部分的 Si 也会随之蒸发并在设备的腔体中形成气相沉积硅，并采用 FLUENT 软件对电子束精炼过程中杂质的蒸发进行数值模拟计算，从而确定最佳的熔炼参数。

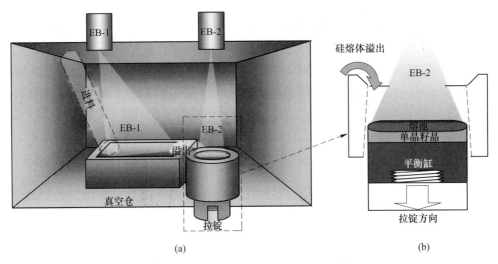

（a）　　　　　　　　　　　　　　　　　　（b）

图 1-23　连铸电子束熔炼设备示意图[77]

1.3.6　真空蒸发提纯技术

　　真空除杂工艺是在真空状态下将冶金硅加热至熔融并保持一段时间可直接去除易挥发性的物质，如：P、S、Cl、Na、Mg、Al、Ca 等。其原理是根据不同元素的饱和蒸气压不同，饱和蒸气压越大的元素就越容易挥发。根据杂质元素的这一物理性质，国内外科研人员进行了大量的研究。

　　1990 年，Suzuki 等人[83]将石墨坩埚（内径 25mm，外径 30mm，深度 55mm）放在不透明密封石英管（内径 70mm，外径 80mm，长度 650mm）内，利用高频率（最大功率 5kW，300kHz）加热熔化，然后在 1773K、0.027Pa 真空度下熔炼3600s，将硅中的磷含量从 32ppmw 降低到 6～7ppmw。Yuge 等人[84]在温度1915K，真空度 8.0×10⁻³～3.6×10⁻² Pa 的条件下，将硅中的磷含量从 20～27ppmw降低至 0.1ppmw 以下。另外他们也发现了硅中 P 的含量随着熔炼时间的增加而逐渐减少，熔炼温度越高，P 的去除效果越好。Morita 等人[85,86]则对真空除磷的热力学原理进行了深入研究，得出当硅中的 P 含量在小于 50ppmw 时，P 主要是以单原子的形式挥发。Zheng 等人[87]系统研究了真空熔炼过程中真空度、熔炼时间、熔炼温度对除 P 效果的影响。他们发现在当温度为 1873K、真空度为 1.2×10⁻²～3.5×10⁻²Pa 条件下感应熔炼 1h，可以将工业硅中杂质 P 含量从 15ppmw 降低至 0.08ppmw。此外，他们通过热力学计算分析了真空条件下硅中 P 的热力学特性[88]。研究结果表明，在 1873K 温度条件下，当熔体硅中的 P 含量小于64ppmw 时，P 主要以单原子的形式挥发，当熔体硅中的 P 含量超过 64ppmw 时，P 将主要以双原子的形式挥发。

1.4 硅的合金化精炼提纯技术

目前，现有的冶金法工艺路线主要是基于工业硅的原始杂质富集状态进行逐级纯化。对于分凝系数较大的杂质 B、P，难以像金属杂质一样通过定向凝固、酸洗浸出等方法去除。因此，杂质 B、P 的去除成为了冶金法制备太阳能级多晶硅的关键点。工业上一般采用造渣精炼、电子束熔炼等高能耗的方法对杂质 B、P 进行定向去除，间接导致了冶金法工艺周期较长、成本较高、产品质量不稳定等问题。因此，探索低能耗新型冶金法工艺具有深远的现实意义和实际应用价值。

合金精炼（Solvent Refining）是一种再结晶的方法，又被称为熔剂精炼法，是当前冶金法提纯多晶硅的研究热点之一。它的基本原理是通过合金化与偏析分凝，可以改变杂质存在的化学状态和富集的位置，可以将金属熔剂视为典型的熔析剂，也可视为杂质陷阱或杂质捕获剂。在合金精炼的凝固过程中，由于杂质在析出硅与合金液体间的分凝系数要远低于其在纯硅中的分凝系数，硅相会优先结晶析出，硅中杂质元素由于在固体硅中的溶解度小而留在液态合金熔剂中或沉积在合金的晶界处，最终通过合金相分离获得高纯硅（图 1-24）。此外，合金精炼可以使得冶金硅在硅熔点以下的温度熔化，从而降低精炼过程的能耗。

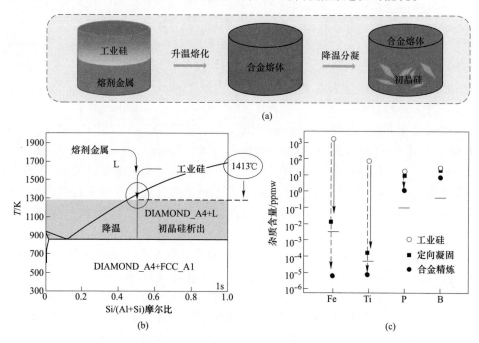

图 1-24 合金精炼过程示意图（a）、合金相图（b）和定向凝固与
合金精炼除杂效果对比（c）[89]

若能利用合金精炼改变工业硅中 B、P 杂质的赋存状态，将为冶金法工艺路线优化提供有利条件。近年来，对于合金精炼在冶金法提纯多晶硅领域的应用研究主要集中在中国、日本、加拿大和欧洲的一些国家。国内的厦门大学、北京科技大学、东北大学、大连理工大学、昆明理工大学、中科院过程工程研究所、中科院合肥物质科学研究所等单位在该领域的研究也取得了显著的成果。

日本东北大学 Obinata 与 Komatsu[90] 于 1957 年首次报道在 Si-Al 合金中能够析出纯度更高的初晶硅，随后学者们不断地进行尝试与研究，发展至今已经成为一种有效的工业硅除杂精炼技术。Yoshikawa 和 Morita[91] 对合金精炼过程进行了分析，在一个二元共晶相图中的共晶温度以上，溶质的极限溶解度随着温度的降低而增大，在共晶温度以下，极限溶解度又随着温度的降低而减小。如图 1-25 所示，这种固溶度变化在一定程度上说明溶质在硅中随温度的降低呈热力学不稳定状态。Yoshikawa 等人[92] 计算了硅中 15 种元素的热力学参数，他们发现，溶质在硅中熔化焓为正值（对于间隙型溶质其值大于 100kJ/mol，对于置换型溶质其值也超过 50kJ/mol），因此溶解的过程是一个吸热的过程，在热力学上讲，溶质元素的吸热溶解过程表明随着温度的降低，溶质的活度系数会增加，故硅在低温的凝固过程中，有利于抑制溶质的溶解，降低杂质在硅中的含量。因此，选择合适的金属熔剂，利用合金精炼能很好地控制合金熔化的温度以得到低杂质含量的初晶硅。

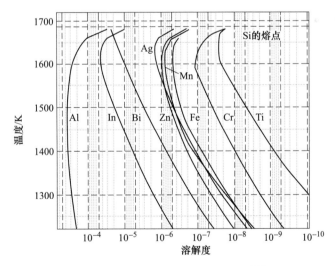

图 1-25 杂质元素在硅中的溶解度[93]

采用合金精炼提纯工业硅，首先需要选择合适的合金体系。常见的金属熔剂的物理化学性质见表 1-3。

表 1-3 熔剂金属的物理性质

金属	熔点/℃	沸点/℃	是否有中间化合物生成	价格(人民币)/万元·吨⁻¹	25℃密度/g·cm⁻³
Al	660	2327	否	1.3	2.7
Ca	839	1484	是	53	1.54
Fe	1538	2750	是	0.2	7.87
Sn	232	2260	否	12.5	7.37
Cu	1085	2567	是	4.6	8.96
Zn	420	907	否	1.6	7.14
Na	98	883	是	1.5	0.97

熔剂金属一般要求其具有以下几个特点：

（1）无毒无害，低廉，易获取。

（2）在硅中的溶解度低，不会引入新的杂质，同时应具有较低的分凝系数，利于分凝。如图 1-26 所示，左下角的金属熔剂如铁（Fe）、锌（Zn）要好于右上角的金属熔剂。

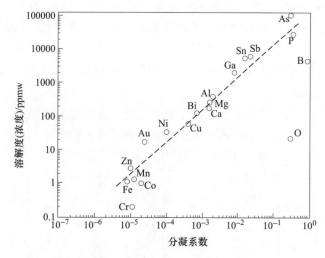

图 1-26 杂质在硅中的固溶度和其分凝系数的关系[115]

（3）与 B、P 等杂质具有较好的亲和力，利于杂质去除。

（4）合金和硅易于通过物理或化学方法进行分离。

（5）熔剂金属可以回收再利用。

基于这些因素考虑，研究者对铝（Al）、钙（Ca）、锡（Sn）、锌（Zn）、钠（Na）、铜（Cu）、铁（Fe）、镓（Ga）、镍（Ni）等进行了研究[94~114]。

Shimpo 等人[116]研究了精炼硅中加入 Ca 作为 P 的吸杂剂并进行了热力学计算，发现在 1450℃时 P 与 Ca 的相互作用系数为负值，说明 Ca 与硅中的 P 杂质具有较强的亲和力，这有利于促进杂质 P 的去除。Johnston 和 Barati[108] 在精炼工业硅的过程中加入 Ca 和 Ti 分别作为 P 和 B 吸杂剂，将合金加热到 1477±4℃，保温 1.5h，经 4℃/min 的凝固速率降温到 1000℃时，将合金样品迅速冷却、研磨和酸洗，得到低 B 和 P 的初晶硅。发现 Ca 能有效降低硅中 P 的含量，在钙含量为 4wt.%时取得了最高的 P 去除率；而 Ti 作为 B 的吸杂剂并没有取得很好的效果。湿法提纯技术通常用于合金精炼后合金相和初晶硅相的分离。

Meteleva-Fischer 等人[117] 报道了不同 Ca 含量和冷却速度对后续酸浸去除多晶硅中杂质的影响；在冷却速度为 1℃/min、Ca 含量为 5wt.%时，经过一次浸出能得到 99.95%~99.99%纯度的初晶硅，或者经过 20wt.%HF 和 HCl 的混合溶液两次浸出能得到纯度为 99.995%的初晶硅。尽管以上工作都是关于工业硅精炼过程中加入 Ca 作为金属吸杂剂去除硅中 P，再通过湿法分离技术得到低 P 的初晶硅，但对酸浸过程中杂质的浸出行为和浸出动力学过程并未有深入的研究，而这对于获得更加高效的合金除杂工艺有着重要的意义。

通过在工业硅中构建有效合金相对杂质进行定向去除，也是当下合金精炼的一个研究热点。许多研究团队在分析 Si-Al 合金形貌过程中发现杂质 P 富集在 $CaAl_2Si_2$ 相中[118~121]，这一现象表明此杂质相比硅基体相和其他杂质相对 P 具有更强的亲和力。因此，可通过适量增加 $CaAl_2Si_2$ 相在合金中的比例来提高合金精炼除 P 的效率，利用这一方法能够节约金属熔剂用量并保证除 P 效率。

由以上的分析可以发现，合金精炼也是类似于定向凝固的一种提纯技术，通过杂质的分凝来实现提纯，但这种技术也存在着杂质的分凝极限，有时对某些关键杂质的去除效果一次精炼达不到太阳能级硅的标准，只能不断地增加合金的含量或多次合金精炼来最终降低关键杂质的含量，这样浪费了很多金属熔剂的同时提高了提纯成本，而且对大量金属熔剂的回收再利用造成一定的压力。为解决这一问题，采用合金精炼结合造渣精炼能极大提高除杂效率同时降低渣剂的用量[122~124]。Ma 等人[122,123] 计算了在 1400℃时 B 在 SiO_2-24mol.%CaF_2 渣和 Si-Sn 合金中 B 的分配比，发现由于 B 活度系数和氧分压的提高，其分配比随着 Sn 含量的增加而增大，在采用 Si-82.4mol.%Sn 的合金时，B 的分配比高达 200，这远远大于一般 B 在造渣过程中只有 1~3 的数值。在相同的除 B 率的条件下，采用 Si-30mol.%、50mol.% 和 70mol.% Sn 合金时，其所需渣量为只进行造渣工艺的 15.6%、6.5% 和 1.2%，大大减少了渣的用量。

1.4.1　硅铝合金熔剂精炼

目前，Si-Al 合金是研究最广泛的合金体系[125~132]。图 1-27 是使用 FactSage 热力学软件得到的 Si-Al 合金二元相图。Al 有以下几个优点：熔点低、低温下硅溶解度大、没有共晶相、成本低，在硅中的扩散系数小。Yoshikawa 等人[125] 通过电磁感应熔炼的方法制备 Si-Al 合金，并对 Al-Si 体系中的热力学性质进行了研究。他们的研究结果表明，杂质 B、P 的分凝系数在 1273K 时分别从 0.8 降到 0.3 和 0.35 降至 0.008，金属杂质 Fe、Ti、Cu 等的分凝系数均随着温度的降低而减小，验证了 Si-Al 合金精炼的可行性。

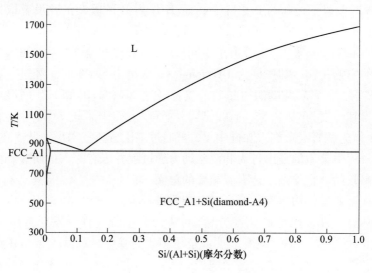

图 1-27 Si-Al 合金二元相图

但是由于 Si-Al 合金中的 Si 和 Al 间的亲和力较大，且两相的密度接近，合金相的去除一般要通过多次酸洗浸出来实现，分离技术成为硅铝合金精炼的关键。针对 Si-Al 合金精炼难以进行合金相分离的问题，Li 等人[130,131] 利用超重力的作用原理，在固体 Si 析出的过程中通过超重力离心设备（图 1-28）成功实现了两相的分离。

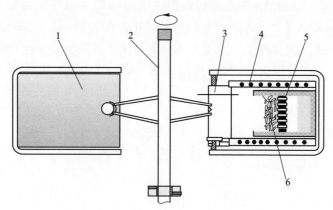

图 1-28 Si-Al 合金重力分离装置[130]

1—平衡锤；2—转轴；3—热电偶；4—电阻线圈；5—刚玉过滤片；6—样品

Chen 等人[132,133]分别将硅铝合金精炼和定向凝固及旋转磁场相结合（图 1-29），能够实现硅和铝的有效分离，从而得到较好的提纯效果。

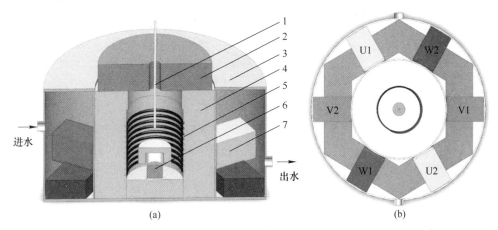

图 1-29 Si-Al 合金旋转磁场定向凝固装置[133]

1—氩气进气管；2—炉盖；3—水箱；4—炉体；5—电阻加热器；
6—带有多孔氧化铝盖的氧化铝坩埚与熔体；7—电磁铁

1.4.2 硅铜合金熔剂精炼

鉴于合金精炼可以改变工业硅中杂质的富集状态，学者们[134~137]采用 Si-Cu 合金精炼的方法，结合传统冶金法工艺对现有冶金法工艺路线进行优化，提高冶金法提纯工业硅的效率。图 1-30 是使用 FactSage 热力学软件得到的 Si-Cu 合金二元相图。

选择 Cu 作为溶剂金属，主要基于以下几点考虑：

（1）Cu 在 Si 中的溶解度低。Cu 在 Si 中的溶解度要远低于 Al、Sn 等金属，可以有效降低对 Si 的污染[138]。Cu 在 Si 中的溶解度可以通过式（1-20）进行计算[139]。

$$S_{Cu} = 5 \times 10^{22} \exp\left(2.4 - \frac{1.49\text{eV}}{kT}\right) \ (\text{atoms/cm}^3) \tag{1-20}$$

由上式可知，Cu 在 Si 中的溶解度随着温度的降低而减小。当温度低于 1100℃时，Cu 在 Si 中的溶解度低于 1ppmw。

（2）Cu 在 Si 中的扩散速度快。Cu 在 Si 中是以间隙原子的状态存在，它的扩散速度仅次于 H，远高于 Ni、Fe、Al、B、P 等元素。在 1413℃下，Cu 在 Si 中的扩散速度可达 $8.7 \times 10^{-5}\text{cm}^2/\text{s}$[140]。Cu 在 Si 中的扩散系数可以通过式（1-21）进行计算[141]：

$$D_m = (3.0 \pm 10\%) \times 10^{-4} \exp\left(-\frac{0.18 \mp 0.01\text{eV}}{kT}\right) \ (\text{cm}^2/\text{s}) \tag{1-21}$$

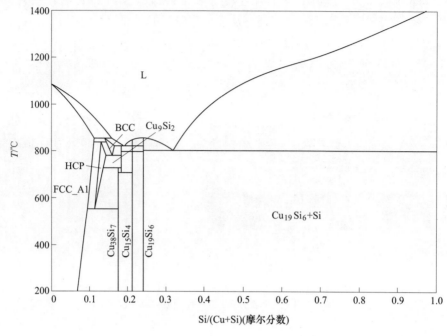

图 1-30　Si-Cu 合金二元相图

　　当凝固速度较慢时，凝固在 Si 晶格缺陷处的 Cu 的活化能较低，会不断朝着晶界处移动，如果时间足够长，会迁移到样品表面。在快速冷却的过程中，Cu 原子由于没有足够的时间扩散，因而大部分聚集在晶格缺陷处和沉积在 Si-Cu 合金相中[142]。

　　（3）Cu 与 Si 中杂质亲和力大。Cu 和很多杂质元素的亲和力大，能形成稳定的金属间化合物[143,144]。在 Si-Cu 合金凝固过程中，晶体硅最先析出；由于杂质元素在硅中的溶解度很低，故会逐渐进入到剩余的溶剂中并最终溶解或沉积在合金相中或晶界处。当对 Si-Cu 合金进行破碎时，杂质沉积处是合金中最薄弱的区域，在破碎过程中容易暴露出来，从而有利于酸洗浸出等后续工艺的进行。

　　（4）Si 与 Si-Cu 合金相的密度差异大。Si-Cu 合金中主要存在 Si 相与 Si-Cu 合金相（主要为 Cu_3Si 相）。Si 的密度为 $2.33g/cm^3$，Cu 的密度为 $8.96g/cm^3$，Cu_3Si 的密度约为 $6g/cm^3$。Cu_3Si 相是一种亚稳相，Si-Cu 合金存在自然粉化的趋势，很容易研磨成合金粉末。鉴于 Si-Cu 合金的粉末性质，可采用重液分离法（Heavy Liquid Media Separation）将 Si 颗粒从合金粉末中分离，分离过程如图 1-31 所示。偏硅酸锂（Lithium Metatungstate）的密度约为 $2.85g/cm^3$，密度介于 Si 与 Cu_3Si 之间，可作为重液介质[145]。该方法能够有效降低 Si-Cu 合金的分离与提纯成本，安全、有效、无污染。

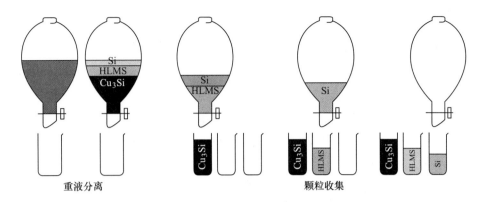

图 1-31 Si-Cu 合金重液分离工艺[145]

参 考 文 献

[1] Kabir E, Kumar P, Kumar S, et al. Solar energy：Potential and future prospects [J]. Renewable and Sustainable Energy Reviews, 2018, 82：894-900.

[2] 中投顾问. 2018-2022 年中国太阳能硅片产业投资分析及前景预测报告 [R]. 2018.

[3] Seigneur H, Mohajeri N, Brooker R, et al. Manufacturing metrology for C-Si photovoltaic module reliability and durability, Part Ⅰ：Feedstock, crystallization and wafering [J]. Renewable & Sustainable Energy Reviews, 2016, 59：84-106.

[4] 严世权. 我国改良西门子法多晶硅生产技术进展 [J]. 上海有色金属, 2010, 31（4）：167-170.

[5] 李亚广, 聂陕枫, 周扬民, 等. 改良西门子法制备多晶硅还原过程研究进展 [J]. 现代化工, 2018, 38（5）：38-42.

[6] Sampaio P, Gonzalez M, Vasconcelos R, et al. Photovoltaic technologies：Mapping from patent analysis [J]. Renewable & Sustainable Energy Reviews, 2018, 93：215-224.

[7] Pizzini S. Towards solar grade silicon：Challenges and benefits for low cost photovoltaics [J]. Solar Energy Materials and Solar Cells, 2010, 94（9）：1528-1533.

[8] EIA. International Energy Outlook 2018 Executive Summary [R]. 2018.

[9] 吕昕. 美国光伏市场调研及前景研究 [J]. 发光学报, 2018, 39（4）：595-599.

[10] Zhang J, Cho H, Luck R, et al. Integrated photovoltaic and battery energy storage (PV-BES) systems：An analysis of existing financial incentive policies in the US [J]. Applied Energy, 2018, 212：895-908.

[11] Myojo S, Ohashi H. Effects of consumer subsidies for renewable energy on industry growth and social welfare：The case of solar photovoltaic systems in Japan [J]. Journal of the Japanese and International Economies, 2018, 48：55-67.

［12］ IEA. World Energy Outlook 2016［R］. 2016.

［13］ 国家发改委，国家能源局.《太阳能发展"十三五"规划》［R］. 2016.

［14］ Goetzberger A，Hebling C，Schock H W. Photovoltaic materials，history，status and outlook［J］. Materials Science & Engineering R，2003，40（1）：1-46.

［15］ Green M A. Silicon photovoltaic modules：A brief history of the first 50 years［J］. Progress in Photovoltaics，2005，13（5）：447-455.

［16］ 靳瑞敏. 太阳能电池原理与应用［M］. 北京：北京大学出版社，2011.

［17］ Green M A. Crystalline and thin-film silicon solar cells：state of the art and future potential［J］. Solar Energy，2003，74（3）：181-192.

［18］ Ruhle S，Shalom M，Zaban A. Quantum-dot-sensitized solar cells［J］. Chem. Phys. Chem.，2010，11（11）：2290-2304.

［19］ Kamat P V. Quantum Dot Solar Cells. Semiconductor nanocrystals as light harvesters［J］. Journal of Physical Chemistry C，2008，112（48）：18737-18753.

［20］ 北极星太阳能光伏网. 第四代薄膜太阳能电池研制成功［EB/OL］. http：//guangfu. bjx. com. cn/news/20111026/318923. shtml. 2011-10-26.

［21］ 赵雨，陈东生. 太阳能电池技术及应用［M］. 北京：中国铁道出版社，2013.

［22］ Kumar A，Melkote S N. Diamond wire sawing of solar silicon wafers：a sustainable manufacturing alternative to loose abrasive slurry sawing［J］. Procedia Manufacturing，2018，21：549-566.

［23］ Louwen A，Sark V W，Schropp R，et al. A cost roadmap for silicon heterojunction solar cells［J］. Solar Energy Materials and Solar Cells，2016，147：295-314.

［24］ EPI. Global Market Outlook for Photovoltaics 2013-2017［R］. 2013.

［25］ Mitrašinović A. Photo-catalytic properties of silicon and its future in photovoltaic applications［J］. Renewable and Sustainable Energy Reviews，2011，15（8）：3603-3607.

［26］ 邓志杰，郑安生. 半导体材料［M］. 北京：化学工业出版社，2004.

［27］ Siffert P，Krimmel E. 硅技术的发展和未来［M］. 北京：冶金工业出版社，2009.

［28］ 谢孟贤，刘诺. 化合物半导体材料与器件［M］. 成都：电子科技大学出版社，2000.

［29］ 沈文忠. 太阳能光伏技术与应用［M］. 上海：上海交通大学出版社，2013.

［30］ Zhilkashinova A M，Kabdrakhmanova S K，Troyeglazova A V，et al. Structure and properties of metallurgical-grade silicon［J］. Silicon，2018：1-10.

［31］ Morita K，Miki T. Thermodynamics of solar-grade-silicon refining［J］. Intermetallics，2003，11（11）：1111-1117.

［32］ Chigondo F. From metallurgical-mrade to aolar-grade silicon：An overview［J］. Silicon，2017：1-10.

［33］ Sakiotis N G. Role of impurities in silicon solar cell performance［J］. Solar Cells，1982，7（1）：87-96.

［34］ 张立峰，李亚琼. 太阳能级多晶硅的精炼方法［M］. 北京：冶金工业出版社，2017.

［35］ Caussat B，Hemati M，Couderc J P. Silicon deposition from silane or disilane in a fluidized bed-Part Ⅰ：Experimental study［J］. Chemical Engineering Science，1995，50（22）：

3615-3624.

[36] Safarian J, Tranell G, Tangstad M. Boron removal from silicon by CaO-Na$_2$O-SiO$_2$ ternary slag [J]. Metallurgical and Materials Transactions E, 2015, 2 (2): 109-118.

[37] Margarido F, Martins J P, Figueiredo M O, et al. Kinetics of acid leaching refining of an industrial Fe-Si alloy [J]. Hydrometallurgy, 1993, 34 (1): 1-11.

[38] Galgali R K, Mohanty B C, Gumaste J L, et al. Studies on slag refining and directional solidification in the purification of silicon [J]. Solar Energy Materials, 1987, 16 (4): 297-307.

[39] Delannoy Y, Alemany C, Li K I, et al. Plasma-refining process to provide solar-grade silicon [J]. Solar Energy Materials and Solar Cells, 2002, 72 (1): 69-75.

[40] Jiang D, Tan Y, Shi S, et al. Removal of phosphorus in molten silicon by electron beam candle melting [J]. Materials Letters, 2012, 78 (7): 4-7.

[41] Ma W, Wu J, Wei K, et al. Upgrade metallurgical grade silicon [M]. Handbook of Photovoltaic Silicon. Berlin, Heidelberg: Springer Berlin Heidelberg, 2018.

[42] Fang M, Lu C, Huang L, et al. Multiple slag operation on boron removal from metallurgical-grade silicon using Na$_2$O-SiO$_2$ Slags [J]. Industrial & Engineering Chemistry Research, 2014, 53 (30): 12054-12062.

[43] Duffy J A. A common optical basicity scale for oxide and fluoride glasses [J]. Journal of Non-Crystalline Solids, 1989, 109 (1): 35-39.

[44] Cheng H, Zheng S, Chen C. The behavior of Ca and its compounds in Si during the slag refining with CaO-SiO$_2$-CaF$_2$ system under air atmosphere [J]. Separation and Purification Technology, 2018, 201: 60-70.

[45] Shu Q, Chou K. Thermodynamic modeling of CaO-CaF$_2$ and CaO-SiO$_2$ systems [J]. High Temperature Materials and Processes, 2015, 34 (1): 95-100.

[46] Park J, Min D, Song H. The effect of CaF$_2$ on the viscosities and structures of CaO-SiO$_2$ (-MgO)-CaF$_2$ slags [J]. Metallurgical and Materials Transactions B, 2002, 33 (5): 723-729.

[47] Wang Y, Ma X, Morita K. Evaporation removal of boron from metallurgical-grade silicon using CaO-CaCl$_2$-SiO$_2$ Slag [J]. Metallurgical and Materials Transactions B, 2014, 45 (2): 334-337.

[48] Huang L, Lai H, Lu C, et al. Evaporation behavior of phosphorus from metallurgical grade silicon via calcium-based slag treatment and hydrochloric acid leaching [J]. Journal of Electronic Materials, 2016, 45 (1): 541-552.

[49] Wu J, Zhou Y, Ma W, et al. Synergistic separation behavior of boron in metallurgical grade silicon using a combined slagging and gas blowing refining technique [J]. Metallurgical and Materials Transactions B, 2016, 48 (1): 1-5.

[50] Xia Z, Wu J, Ma W, et al. Separation of boron from metallurgical grade silicon by a synthetic CaO-CaCl$_2$ slag treatment and Ar-H$_2$O-O$_2$ gas blowing refining technique [J]. Separation and Purification Technology, 2017, 187: 25-33.

[51] Huang L, Chen J, Fang M, et al. Clean enhancing elimination of boron from silicon kerf using Na$_2$O-SiO$_2$ slag treatment [J]. Journal of Cleaner Production, 2018, 186: 718-725.

［52］ Teixeira L A V, Tokuda Y, Yoko T, et al. Behavior and state of boron in CaO-SiO$_2$ slags during refining of solar grade silicon ［J］. ISIJ International, 2009, 49 (6): 777-782.

［53］ Jakobsson L K, Tangstad M. Distribution of boron between silicon and CaO-MgO-Al$_2$O$_3$-SiO$_2$ slags ［J］. Metallurgical and Materials Transactions B, 2014, 45 (5): 1644-1655.

［54］ Johnston M D, Barati M. Distribution of impurity elements in slag-silicon equilibria for oxidative refining of metallurgical silicon for solar cell applications ［J］. Solar Energy Materials and Solar Cells, 2010, 94 (12): 2085-2090.

［55］ Wu J, Xu M, Liu K, et al. Removing boron from metallurgical grade silicon by a high basic slag refining technique ［J］. Journal of Mining and Metallurgy, 2014, 50 (1): 83-86.

［56］ Yin C, Hu B, Huang X. Boron removal from molten silicon using sodium-based slags ［J］. Journal of Semiconductors, 2011, 32 (9): 12-15.

［57］ Ma X, Zhang J, Wang T, et al. Hydrometallurgical purification of metallurgical grade silicon ［J］. Rare Metals, 2009, 28 (3): 221-225.

［58］ Chu T L, Chu S S. Partial-purification of metallurgical silicon by acid extraction ［J］. Journal of the Electrochemical Society, 1983, 130 (2): 455-457.

［59］ Santos I C, Gonçalves A P, Santos C S, et al. Purification of metallurgical grade silicon by acid leaching ［J］. Hydrometallurgy, 1990, 23 (2): 237-246.

［60］ Juneja J M, Mukherjee T K. A study of the purification of metallurgical grade silicon ［J］. Hydrometallurgy, 1986, 16 (1): 69-75.

［61］ Dietl J. Hydrometallurgical purification of metallurgical-grade silicon ［J］. Solar Cells, 1983, 10 (2): 145-154.

［62］ Margarido F, Figueiredo M O, Queiroz A M, et al. Acid leaching of alloys within the quaternary system Fe-Si-Ca-Al ［J］. Industrial & Engineering Chemistry Research, 1997, 36 (12): 5291-5295.

［63］ Margarido F, Martins J P, Figueiredo M O, et al. Refining of Fe-Si alloys by acid leaching ［J］. Hydrometallurgy, 1993, 32 (1): 1-8.

［64］ Zhang H, Wang Z, Ma W, et al. Chemical cracking effect of aqua regia on the purification of metallurgical-grade silicon ［J］. Industrial & Engineering Chemistry Research, 2013, 52 (22): 7289-7296.

［65］ Fang M, Lu C, Huang L, et al. Separation of metal impurities from metallurgical grade silicon via CaO-SiO$_2$-CaF$_2$ slag treatment followed by leaching with hydrochloric Acid ［J］. Separation Science and Technology, 2014, 49 (14): 2261-2270.

［66］ Huang L, Lai H, Lu C, et al. Enhancement in extraction of boron and phosphorus from metallurgical grade silicon by copper alloying and aqua regia leaching ［J］. Hydrometallurgy, 2016, 161: 14-21.

［67］ Ciszek T F, Schwuttke G H, Yang K H. Directionally solidified solar-grade silicon using carbon crucibles ［J］. Journal of Crystal Growth, 1979, 46 (4): 527-533.

［68］ Aoki Y, Hayashi S, Komatsu H. Directional solidification of aluminium-silicon eutectic alloy in a magnetic field ［J］. Journal of Crystal Growth, 1983, 62 (1): 207-209.

［69］ Arafune K, Ohishi E, Sai H, et al. Directional solidification of polycrystalline silicon ingots by successive relaxation of supercooling method ［J］. Journal of Crystal Growth, 2007, 308 (1): 5-9.

［70］ Brown R A, Kim D H. Modelling of directional solidification: from Scheil to detailed numerical simulation ［J］. Journal of Crystal Growth, 1991, 109: 50-65.

［71］ Clyne T W, Kurz W. Solute redistribution during solidification with rapid solid state diffusion ［J］. Metallurgical Transactions A, 1981, 12 (6): 965-971.

［72］ Tan Y, Ren S, Shi S, et al. Removal of aluminum and calcium in multicrystalline silicon by vacuum induction melting and directional solidification ［J］. Vacuum, 2014, 99 (1): 272-276.

［73］ Wen S, Jiang D, Li P, et al. Back diffusion of iron impurity during silicon purification by vacuum directional solidification ［J］. Vacuum, 2015, 119 (6): 270-275.

［74］ Ren S, Li P, Jiang D, et al. Removal of Cu, Mn and Na in multicrystalline silicon by directional solidification under low vacuum condition ［J］. Vacuum, 2015, 115: 108-112.

［75］ Huang L, Lai H, Lu C, et al. Segregation behavior of iron in metallurgical grade silicon during SiCu solvent refining ［J］. Vacuum, 2016, 129: 38-44.

［76］ Hanazawa K, Yuge N, Kato Y. Evaporation of phosphorus in molten silicon by an electron beam irradiation method ［J］. Materials Transactions, 2004, 45 (3): 844-849.

［77］ Lee J K, Lee J S, Jang B Y, et al. 6″ crystalline silicon solar cell with electron-beam melting-based metallurgical route ［J］. Solar Energy, 2015, 115: 322-328.

［78］ Pires J C S, Braga A F B, Mei P R. Profile of impurities in polycrystalline silicon samples purified in an electron beam melting furnace ［J］. Solar Energy Materials and Solar Cells, 2003, 79 (3): 347-355.

［79］ Pires J C S, Otubo J, Braga A F B, et al. The purification of metallurgical grade silicon by electron beam melting ［J］. Journal of Materials Processing Technology, 2005, 169 (1): 16-20.

［80］ Peng X, Dong W, Tan Y, et al. Removal of aluminum from metallurgical grade silicon using electron beam melting ［J］. Vacuum, 2011, 86 (4): 471-475.

［81］ Tan Y, Guo X, Shi S, et al. Study on the removal process of phosphorus from silicon by electron beam melting ⌊J⌋. Vacuum, 2013, 93 (5): 65-70.

［82］ Tan Y, Wen S, Shi S, et al. Numerical simulation for parameter optimization of silicon purification by electron beam melting ［J］. Vacuum, 2013, 95 (9): 18-24.

［83］ Suzuki K, Sakaguchi K, Nakagiri T, et al. Gaseous removal of phosphorus and boron from molten silicon ［J］. Journal of the Japan Institute of Metals, 1990, 54 (2): 161-167.

［84］ Yuge N, et al. Removal of phosphorus, aluminum and calcium by evaporation in molten silicon ［J］. Journal of the Japan Institute of Metals, 1997, 61 (10): 1086-1093.

［85］ Morita K, Miki T. Thermodynamics of solar-grade-silicon refining ［J］. Intermetallics, 2003, 11 (11-12): 1111-1117.

［86］ Miki T, Morita K, Sano N. Thermodynamics of phosphorus in molten silicon ［J］. Metallurgical and Materials Transactions, 1996, 27: 937-941.

[87] 郑淞生, 陈朝, 罗学涛. 多晶硅冶金法除磷的研究进展 [J]. 材料导报, 2009, 23 (10): 11-19.

[88] Zheng S, Abel Engh T, Tanstad M, Luo X. Separation of Phosphorus from silicon by induction vacuum refining [J]. Separation and Purification Technology, 2011, 82: 128-137.

[89] Yoshikawa T, Morita K. Thermodynamics on the solidification refining of silicon with Si-Al melts [C]. TMS Annual Meeting, San Francisco, 2005: 549-558.

[90] Obinata I, Komatsu N. Method of refining silicon by alloying [R]. Science Reports of the Research Institutes, Tohoku university. Ser. A, Physics, Chemistry and Metallurgy, 1957, 9: 118-130.

[91] Yoshikawa T, Morita K. An evolving method for solar-grade silicon production: solvent refining [J]. JOM, 2012, 64 (8): 946-951.

[92] Yoshikawa T, Morita K, Kawanishi S, Tanaka T. Thermodynamics of impurity elements in solid silicon [J]. Journal of Alloys and Compounds, 2010, 490 (1-2): 31-41.

[93] Trumbore F. Solid solubilities of impurity elements in germanium and silicon [J]. Bell System Technical Journal, 1960, 39 (1): 205-233.

[94] Yoshikawa T, Morita K. Solid solubilities and thermodynamic properties of aluminum in solid silicon [J]. Journal of the Electrochemical Society, 2003, 150 (8): 465-468.

[95] Lai H, Huang L, Lu C, Fang M, et al. Leaching behavior of impurities in Ca-alloyed metallurgical grade silicon [J]. Hydrometallurgy, 2015, 156 (0): 173-181.

[96] Ban B, Li J, Bai X, et al. Mechanism of B removal by solvent refining of silicon in Al-Si melt with Ti addition [J]. Journal of Alloys and Compounds, 2016, 672: 489-496.

[97] Miki T, Morita K, Sano N. Thermodynamic properties of Si-Al, -Ca, -Mg binary and Si-Ca-Al, -Ti, -Fe ternary alloys [J]. Materials Transactions, JIM, 1999, 40 (10): 1108-1116.

[98] Yoshikawa T, Morita K. Thermodynamic property of B in molten Si and phase relations in the Si-Al-B system [J]. Materials Transactions, 2005, 46 (6): 1335-1340.

[99] Yoshikawa T, Arimura K, Morita K. Boron removal by titanium addition in solidification refining of silicon with Si-Al melt [J]. Metallurgical and Materials Transactions B, 2005, 36 (6): 837-842.

[100] Yoshikawa T, Morita K. Removal of B from Si by solidification refining with Si-Al melts [J]. Metallurgical and Materials Transactions B, 2005, 36 (6): 731-736.

[101] Xu F, Wu S, Tan Y, Li J, et al. Boron removal from metallurgical silicon using Si-Al-Sn ternary alloy [J]. Separation Science and Technology, 2014, 49 (2): 305-310.

[102] Li Y, Tan Y, Li J, et al. Si purity control and separation from Si-Al alloy melt with Zn addition [J]. Journal of Alloys and Compounds, 2014, 611: 267-272.

[103] Li Y, Tan Y, Li J, et al. Effect of Sn content on microstructure and boron distribution in Si-Al alloy [J]. Journal of Alloys and Compounds, 2014, 583: 85-90.

[104] Ma X, Lei Y, Yoshikawa T, et al. Effect of solidification conditions on the silicon growth and refining using Si-Sn melt [J]. Journal of Crystal Growth, 2015, 430: 98-102.

［105］Khajavi L, Morita K, Yoshikawa T, et al. Thermodynamics of boron distribution in solvent re-fining of silicon using ferrosilicon alloys ［J］. Journal of Alloys and Compounds, 2015, 619: 634-638.

［106］Morito H, Uchikoshi M, Yamane H. Boron removal by dissolution and recrystallization of sili-con in a sodium-silicon solution ［J］. Separation and Purification Technology, 2013, 118: 723-726.

［107］Meteleva-Fischer Y, Yongxiang Y, Rob B, et al. Microstructure of metallurgical grade silicon and its acid leaching behaviour by alloying with calcium ［J］. Mineral Processing and Extractive Metallurgy, 2013, 122 (4): 229-237.

［108］Johnston M, Barati M. Calcium and titanium as impurity getter metals in purification of silicon ［J］. Separation and Purification Technology, 2013, 107: 129-134.

［109］Esfahani S, Barati M. Purification of metallurgical silicon using iron as an impurity getter, Part I: Growth and separation of Si ［J］. Metals and Materials International, 2011, 17 (5): 823-829.

［110］Esfahani S, Barati M. Purification of metallurgical silicon using iron as impurity getter, Part II: Extent of silicon purification ［J］. Metals and Materials International, 2011, 17 (6): 1009-1015.

［111］Mitrašinović A, Utigard T. Refining silicon for solar cell application by copper alloying ［J］. Silicon, 2009, 1 (4): 239-248.

［112］Li J, Jia P, Li Y, et al. Effect of Zn addition on primary silicon morphology and B distribution in Si-Al alloy ［J］. Journal of Materials Science: Materials in Electronics, 2014, 25 (4): 1751-1756.

［113］Li J, Ban B, Li Y, et al. Removal of impurities from metallurgical grade silicon during Ga-Si solvent refining ［J］. Silicon, 2017, 9 (1): 77-83.

［114］Yin Z, Oliazadeh A, Esfahani S, et al. Solvent refining of silicon using nickel as impurity get-ter ［J］. Canadian Metallurgical Quarterly, 2011, 50 (2): 166-172.

［115］Johnston M, Khajavi L, Li M, et al. High-temperature refining of metallurgical-grade silicon: A Review ［J］. JOM, 2012, 64 (8): 935-945.

［116］Shimpo T, Yoshikawa T, Morita K. Thermodynamic study of the effect of calcium on removal of phosphorus from silicon by acid leaching treatment ［J］. Metallurgical and Materials Transac-tions B, 2004, 35 (2): 277-284.

［117］Meteleva-Fischer Y, Yang Y, Boom R, et al. Microstructure of metallurgical grade silicon during alloying refining with calcium ［J］. Intermetallics, 2012, 25: 9-17.

［118］Sun L, Wang Z, Chen H, et al. Removal of phosphorus in silicon by the formation of $CaAl_2Si_2$ phase at the solidification interface ［J］. Metallurgical and Materials Transactions B, 2016, 48 (1): 420-428.

［119］Hu L, Wang Z, Gong X, et al. Purification of metallurgical-grade silicon by Sn-Si refining system with calcium addition ［J］. Separation and Purification Technology, 2013, 118: 699-703.

[120] Anglezio J, Servant C, Dubrous F. Characterization of metallurgical grade silicon [J]. Journal of Materials Research, 1990, 5 (9): 1894-1899.

[121] Ludwig T, Schonhovd Dæhlen E, Schaffer P, et al. The effect of Ca and P interaction on the Al-Si eutectic in a hypoeutectic Al-Si alloy [J]. Journal of Alloys and Compounds, 2014, 586: 180-190.

[122] Ma X, Yoshikawa T, Morita K. Removal of boron from silicon-tin solvent by slag treatment [J]. Metallurgical and Materials Transactions B, 2013: 1-6.

[123] Ma X, Yoshikawa T, Morita K. Purification of metallurgical grade Si combining Si-Sn solvent refining with slag treatment [J]. Separation and Purification Technology, 2014, 125: 264-268.

[124] Shin J, Park J. Thermodynamics of reducing refining of phosphorus from Si-Mn alloy using CaO-CaF$_2$ Slag [J]. Metallurgical and Materials Transactions B, 2012, 43 (6): 1243-1246.

[125] Yoshikawa T, Morita K. Continuous solidification of Si from Si-Al melt under the induction heating [J]. ISIJ International, 2007, 47 (4): 582-584.

[126] Yoshikawa T, Morita K. Refining of silicon during its solidification from a Si-Al melt [J]. Journal of Crystal Growth, 2009, 311 (3): 776-779.

[127] Li Y, Tan Y, Li J, Xu Q, et al. Effect of Sn content on microstructure and boron distribution in Si-Al alloy [J]. Journal of Alloys and Compounds, 2014, 583: 85-90.

[128] Li J, Liu Y, Tan Y, et al. Effect of tin addition on primary silicon recovery in Si-Al melt during solidification refining of silicon [J]. Journal of Crystal Growth, 2013, 371: 1-6.

[129] Hu L, Wang Z, Gong X, et al. Impurities removal from metallurgical-grade silicon by combined Sn-Si and Al-Si refining processes [J]. Metallurgical and Materials Transactions B, 2013, 44 (4): 828-836.

[130] Li J, Guo Z, Li J, et al. Super gravity separation of purified Si from solvent refining with the Al-Si alloy system for solar grade silicon [J]. Silicon, 2015, 7 (3): 239-246.

[131] Li J, Guo Z. Thermodynamic evaluation of segregation behaviors of metallic impurities in metallurgical grade silicon during Al-Si solvent refining process [J]. Journal of Crystal Growth, 2014, 394 (10): 18-23.

[132] Ban B, Bai X, Li J, et al. Effect of kinetics on P removal by Al-Si solvent refining at low solidification temperature [J]. Journal of Alloys and Compounds, 2016, 685: 604-609.

[133] Ban B, Zhang T, Li J, et al. Solidification refining of MG-Si by Al-Si alloy under rotating electromagnetic field with varying frequencies [J]. Separation and Purification Technology, 2018, 202: 266-274.

[134] Mitrasinovic A, Utigard T. Copper removal from hypereutectic Cu-Si alloys by heavy liquid media separation [J]. Metallurgical and Materials Transactions B, 2012, 43 (2): 379-387.

[135] Mitrasinovic A, Utigard T. Refining silicon for solar cell application by copper alloying [J]. Silicon, 2010, 1 (4): 239-248.

[136] Huang L, Lai H, Lu C, et al. Enhancement in extraction of boron and phosphorus from metal-

lurgical grade silicon by copper alloying and aqua regia leaching [J]. Hydrometallurgy, 2016, 161: 14-21.

[137] Ren Y, Ueda S, Morita K. Formation Mechanism of ZrB_2 in a Si-Cu melt and its potential application for refining Si and recycling Si waste [J]. ACS Sustainable Chemistry & Engineering, 2019, 7 (24): 20107-20113.

[138] Olesinski R, Abbaschian G. The Cu-Si (Copper-Silicon) system [J]. Bulletin of Alloy Phase Diagrams, 1986, 7: 170-178.

[139] Hall R, Racette J. Diffusion and solubility of copper in extrinsic and intrinsic germanium, silicon, and gallium arsenide [J]. Journal of Applied Physics, 1964, 35 (2): 379-397.

[140] Bracht H. Copper related diffusion phenomena in germanium and silicon [J]. Materials Science in Semiconductor Processing, 2004, 7 (3): 113-124.

[141] Istratov A, Flink C, Hieslmair H, et al. Intrinsic diffusion coefficient of interstitial copper in silicon [J]. Physical Review Letters, 1998, 81 (6): 1243-1246.

[142] Guo H, Dunham S. Accurate modeling of copper precipitation kinetics including Fermi level dependence [J]. Applied Physics Letters, 2006, 89 (18): 182106.

[143] Istratov A, Hedemann H, Seibt M, et al. Electrical and recombination properties of copper-silicide precipitates in silicon [J]. Journal of the Electrochemical Society, 1998, 145 (11): 3889-3898.

[144] Istratov A, Weber E. Physics of copper in silicon [J]. Journal of The Electrochemical Society, 2002, 149: 21-30.

[145] Mitrasinovic A. Characterization of the Cu-Si system and utilization of metallurgical techniques in silicon refining for solar cell applications [J]. Science & Technology of Advanced Materials, 2011, 15 (6): 627-631.

2 合金相重构的熔剂精炼及选择性除杂技术

2.1 引言

鉴于冶金级工业硅中的杂质分凝行为，可通过酸洗去除富集于硅晶体表面及晶界处的金属杂质，但对于分凝系数较大的非金属杂质硼（B）、磷（P）并没有明显的分凝效果。以分凝系数为 0.35 的 P 杂质为例[1]，它在硅基体中均匀分布，仅通过酸洗工艺不能将其从工业硅中去除。目前，较为有效去除 P 杂质的物理冶金技术有真空精炼技术[2~4]、造渣精炼技术[5,6] 和合金精炼技术[7~9]。真空精炼技术是利用 P 在硅熔体中具有较高的饱和蒸气压（21.6Pa，1550℃[10]），可将 P 杂质进行挥发去除，但该方法存在对设备要求高和能耗高等缺点，造成生产成本过高。同时，在高温真空精炼过程中，将伴随着大量的硅挥发，导致硅的收率降低。此外，真空精炼实现大批量和连续化生产还有很多关键工艺技术和设备需要突破。造渣精炼技术主要通过渣剂的氧化作用对杂质进行去除，该方法对 P 杂质的去除效果非常有限。合金精炼技术能够通过改变工业硅的成分，构建有效合金相对杂质进行吸附。例如 Si-Al 合金体系[7]，能够有效降低 P 杂质的分凝系数并使之在合金相中富集，在凝固过程中获得较高纯度的初晶硅，通过合金相分离后即可有效去除 P 杂质，获得低 P 工业硅。该技术也成为去除工业硅中 P 杂质最为有效的提纯方法之一。通过 Si-Ca 和 Si-Al-Ca 合金体系相重构及酸洗浸出选择性除杂技术，有望成为低成本去除 B、P 的有效方法。

2.2 合金熔剂精炼的工艺过程

2.2.1 Si-Ca 合金制备

图 2-1 为 Si-Ca 二元相图，由图可知，当 Si-Ca 合金中硅的含量高于 75at.% 时有助于获得初晶硅[11]。研究表明[12]，Ca 质量分数接近 5% 的 Si-Ca 合金，具有清晰的晶界界面特征，合金相聚集明显，这一形貌结构有利于采用酸洗方法去除合金相。

以合金成分为 Si-5wt.%Ca 的 Si-Ca 合金探索 Si-Ca 合金体系的相重构机制及

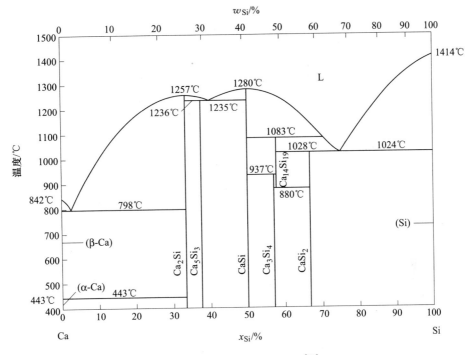

图 2-1 Si-Ca 合金二元相图[11]

酸洗浸出选择性相分离的效果。Si-Ca 合金的制备工艺流程如图 2-2 所示。首先，将 Si 粉与 Ca 粉按比例混合后装入氧化铝坩埚中；将坩埚放于氩气保护的管式炉内加热熔炼，保温 1h，经过不同的冷凝控制过程，得到 Si-Ca 合金（Al-MG-Si：

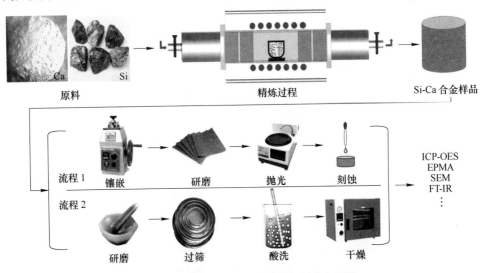

图 2-2 Si-Ca 二元合金熔剂精炼实验流程图

1K/min；A2-MG-Si：5K/min)，升温降温曲线如图 2-3 所示。制备的 Si-Ca 合金分别经过酸洗酸浸和原位刻蚀两道工序。

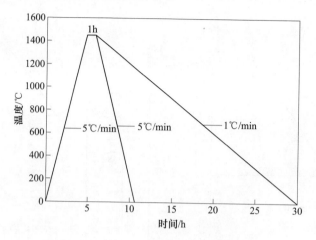

图 2-3　Si-Ca 二元合金熔剂精炼加热曲线图

2.2.1.1 酸洗浸出过程

将 Si-Ca 合金进行研磨后分筛成几种不同粒径的颗粒。酸浸实验的实验装置如图 2-4 所示，装置特点在于该装置包括机械搅拌器、聚四氟乙烯三口瓶、温度计、水浴锅和尾气处理器。机械搅拌器的二叶搅拌头和杆采用聚四氟乙烯材料，目的在于提高其耐酸、耐碱腐蚀性能；采用三档可调转速，其三档速率分别为

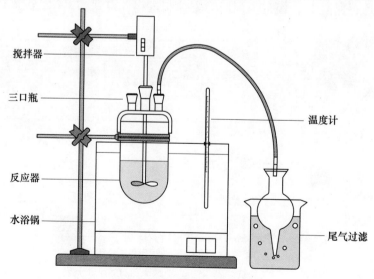

图 2-4　酸洗浸出实验装置图

100r/min、300r/min 和 600r/min。酸洗采用的聚四氟乙烯三口瓶具有很好的耐强酸、强碱和各种有机物的性能；三个口分别用于机械搅拌棒口、尾气口及放样、取样口，采用此容器可以实现连续酸洗实验，对于单一变量实验具有工作量小、实验误差小等优点。温度计的固定位置须远离加热位置，尽量靠近聚四氟乙烯三口瓶的位置，保持环境温度一致性。水浴锅选用集热式磁力加热水浴锅，该水浴锅集成水浴、油浴和搅拌功能，其控温范围为 25～300℃，控温精度≤±1℃。尾气处理器包括倒锥形漏斗、烧杯和反应液体；配置一定浓度的浸出剂，将浸出剂装入三口烧瓶中，在水浴中加热，当温度达到所设定温度时，往浸出剂中加入分筛好的硅粉，保持固液质量比为 1∶10。在酸洗浸出结束后，将浸出残渣通过真空过滤器过滤、去离子水充分冲洗至中性后得到提纯后的硅粉；最后，放于真空干燥箱烘 12h 后进行检测分析。

2.2.1.2　原位刻蚀实验

对原料进行破碎后，将硅块进行镶嵌后抛光至镜面效果。利用显微镜锁定物相位置对腐蚀前后的表面形貌分别进行测试，探索不同处理参数下的物相变化及腐蚀效果。

2.2.2　Si-Al-Ca 合金制备

图 2-5 为 Si-Al-Ca 三元相图[13]。根据相图可知，在合金凝固过程中要得到初晶硅，合金中硅组分的含量应大于 50.9at.%。采用合金中 Si 含量高于 80at.% 的 Si-Al-Ca 合金，探索 Si-Al-Ca 合金体系的相重构机制及酸洗的相分离效果。

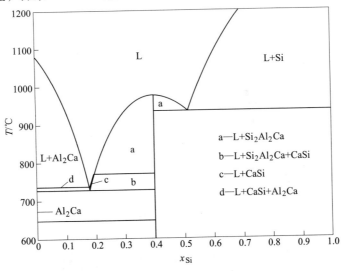

图 2-5　$x_{Al}/x_{Ca}=2$ 时的 Si-Al-Ca 三元相图的垂直截面图[13]

Si-Al-Ca 合金的制备步骤如下：

首先，将硅料（包括 MG-Si，MG-Si-P）、铝粉和钙块以一定比例混合，其中 Al 和 Ca 原子比固定为 2，以得到最大量的 $CaAl_2Si_2$ 相；然后，将其装入带盖的氧化铝坩埚中；将坩埚放于氩气保护的管式炉内加热熔炼，保温 6h，使坩埚内样品组分扩散均匀，再经不同的凝固控制过程，得到 Si-Al-Ca 合金，升温降温曲线如图 2-6（a）所示。如图所示，以 5℃/min 冷却到室温，将得到样品 S1；在

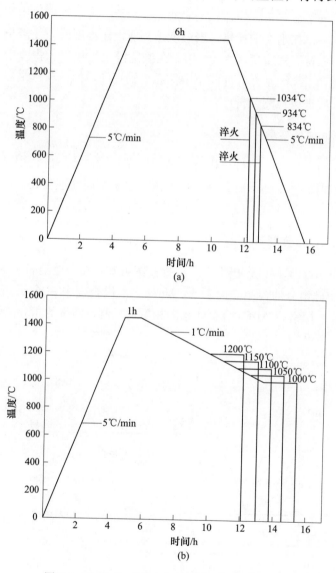

图 2-6 Si-Al-Ca 三元合金熔剂精炼加热曲线图

（a）原料为 MG-Si 或 MG-Si-P；（b）原料为 SoG-Si-P

低于和高于 Si-Al-Ca 合金共晶温度 934℃[13] 淬火将得到样品 S2 和 S3。由于反应后的磷化物会与水汽反应[7, 14]，淬火过程采用液氮淬火，避免 P 元素的损失，影响实验检测结果。将得到的合金经破碎、镶嵌、研磨、抛光后，用 SIMS 检测硅相中的杂质含量。为了探究多次熔剂精炼对除 P 的影响，将上述一次熔剂精炼得到的合金进行酸浸处理。需要指出的是，浸出和刻蚀都分为两步骤，所用溶剂为：$HCl+CH_3COOH+H_2O$（体积比：1：1：2）和 $HCl+HF+H_2O$（体积比为：1：1：2），将浸出后得到的高纯硅粉重复上述熔剂精炼过程，得到进一步提纯的初晶硅。

　　研究 P 在合金熔体冷却过程中的热力学性质对于工业生产有着重要的指导意义。为了避免其他杂质元素与 P 相互作用，影响 P 的热力学性质，采用掺 P 的太阳能级硅（SoG-Si-P）作为硅原料。为了合金中各组分能扩散均匀，先将成分为 80at.%Si-13.3at.%Al-Ca 合金在氩气气氛的感应熔炼 1450℃熔炼 15min 得到 Si-Al-Ca-P 合金。首先，为了确定平衡时间，将得到的 Si-Al-Ca-P 合金装于带盖的氧化铝坩埚，在氩气保护的管式炉内加热到 1450℃保温 1h 后以 1℃/min 的冷却速度冷却到 1000℃，在该温度保温不同时间后液氮淬火处理得到平衡合金样品，将该样品经破碎、镶嵌、研磨、抛光后用 EPMA 的 WDS 对硅相和合金相的 P 含量进行分析，根据所得数值计算平衡时间。在得到平衡时间后，将 Si-Al-Ca-P 合金按上述相同的工艺处理，淬火温度设置为 1000℃、1050℃、1100℃、1150℃和1200℃，该过程的升温冷却曲线图如图 2-6（b）所示。

2.3　Si-Ca 二元合金熔剂精炼及杂质选择性去除技术

2.3.1　Si-Ca 合金形貌分析

　　由于硅中的典型金属杂质的分凝系数远小于 1，在硅从液态冷却过程中，金属杂质元素容易以沉积相的形式富集在后凝固的界面中，如图 2-7 所示。从图可

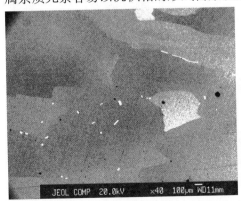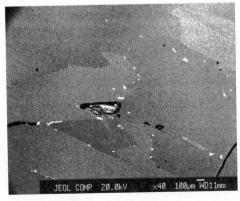

图 2-7　工业硅中沉积相的富集状态图

知，大量沉积相弥散在硅表面，其中大部分以杂质颗粒的形式存在且尺寸不超过100μm，少部分以带状的形式存在，这与他们的富集位置有关，富集在晶界界面上多以杂质带的形式存在，而被晶粒包裹便多以杂质颗粒的形式存在。此外，表面还存在大量气孔，这是因为工业硅浇铸过程中从液态快冷到固态，气体来不及扩散到外界而残留在凝固硅基体中，冷却后并形成气孔。

采用EPMA对工业硅中沉积相的形貌和组成进行分析，其结果如图2-8和表2-1所示。杂质相的命名均基于主要杂质元素的含量从高到低排列。为了提高沉积杂质相的成分检测精度，通过取样五次取平均值。从SEM图可知，Si-Fe二元相为主要杂质相，而Si-Ti-Fe相、Si-Al-Fe相和Si-V-Ti相零星地镶嵌在Si-Fe主要杂质相中。从元素分布图中可知，B和P，尤其是P均匀地分布在硅基体中，出现这一现象与B、P在硅中的分凝系数接近于1有关，分凝系数越接近于1，其在硅冷却过程中的分凝现象越不明显，最终均匀分布于硅基体中；反之，分凝

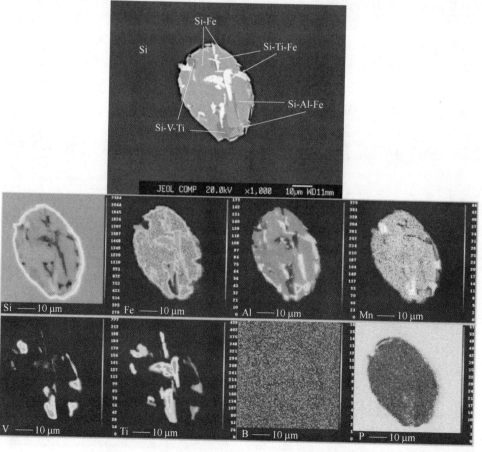

图2-8　工业硅典型沉积相的显微形貌及元素分布图

系数远远小于 1 的金属元素，其分凝现象越明显，最终会在后凝固的液相中以杂质沉积相的形式存在。

表 2-1 工业硅中主要杂质相的化学组成 （at.%）

杂质相	Si	Fe	Al	Mn	V	Ti	Ni	其他
Si-Fe	63.7±1.6	24.5±0.7	6.6±0.5	3.9±0.2		1.4±1.4	0.9±0.2	
Si-Ti-Fe	51.8±3.7	18.3±0.5	2.4±1.0	4.6±0.4	1.8±1.0	21.5±1.9	1.1±0.1	
Si-Al-Fe	44.8±1.6	20.1±0.8	30.2±2.0	3.2±0.1		0.6±0.6	1.5±0.1	
Si-Fe-Al	62.8±1.4	21.9±3.7	11.7±3.3	3.5±0.6		0.3±0.3	1.1±0.3	0.9±0.9
Si-V-Ti-Mn	64.5±1.9	2.4±0.5	2.2±0.8	5.5±0.8	14.9±0.7	9.8±1.0	1.4±1.4	0.8±0.8
Si-Ti-Fe-Al	43.4±2.2	13.9±1.1	11.4±0.8	4.5±0.1	0.9±0.9	17.7±2.3	3.4±0.2	4.8±2.0
Si-Al-Cu-Fe	36.7±1.0	10.2±0.7	27.1±1.4	1.8±0.5			3.8±1.0	20.4±3.7
Si-Al-Fe-Ni	46.4±8.7	14.9±3.0	20.8±6.2	2.2±0.9		1.3±1.3	7.4±1.9	1.0±1.0

从表 2-1 可知，除 V、Ti、P 外，其他元素共同沉积形成不同的杂质相；但并不存在含 Ca 杂质相，而 ICP-MS 对工业硅的成分分析结果中显示 Ca 含量为 39ppmw。这一结果主要与以下两方面有关：一方面，含 Ca 杂质相质地较脆，容易在金相制样的研磨、抛光过程中脱落，导致未被 EMPA 检测到；另一方面，EPMA 的 EDS 对 Ca 的检测限较高，导致该元素未能被检测到。

图 2-9 为 Si-5wt.%Ca 合金典型的微观形貌图及主要杂质的面分布图。与工业硅的表面形貌相比（图 2-8），工业硅合金化后，Si-Ca 相成为了主要杂质相。根据 EPMA 的 EDS 成分分析，Si 与 Ca 原子比接近 2，见表 2-2，并且根据 Si-Ca 相图[11]，当合金中 Si 含量超过 66.7at.% 时，只存在 Si 和 $CaSi_2$ 相，故该相为 $CaSi_2$。根据 Shimpo 等人[15] 的研究结果表明，含 P 杂质相（Ca_3P_2）将伴随着 $CaSi_2$ 存在，但根据图 2-9 的 P 元素面分析结果表明，$CaSi_2$ 相中并没有明显的 P 信号，即为未含 P 相。出现这一现象可能的原因是 Shimpo 等人所用的硅料为 Si-3wt.%P 合金，过量的 P 将超过其他杂质的溶解度，而往 $CaSi_2$ 中扩散。

此外，由图 2-9 中还可知，合金化后的硅和工业硅一样，表面也存在 Si-Fe、Si-Ti-Fe 和 Si-V-Ti 相，这说明这些杂质相在工业硅合金化过程中具有较高的稳定性。由表 2-2 可知，Si-Ca 合金所有表面杂质相中，只有 Si-Al-Ca 相中能够检测到 P 信号（图 2-9），即溶解有大量的 P 杂质，根据 Si、Al 和 Ca 的原子比可推测，这一杂质相为 $CaAl_2Si_2$ 相，这一现象被许多研究团队所发现[9,16~18]。

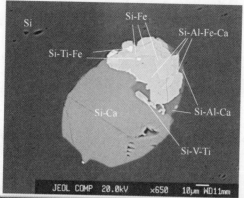

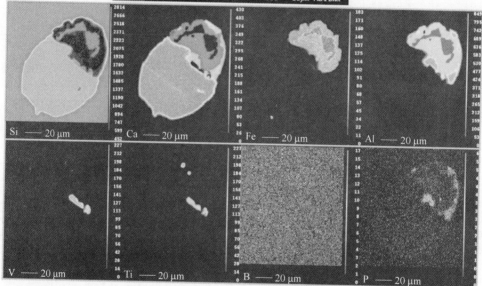

图 2-9　Si-Ca 合金典型沉积相的显微形貌图及元素分布图

表 2-2　Si-Ca 合金主要杂质相的化学组成　（at. %）

杂质相	Si	Ca	Fe	Al	V	Ti	P	其他
Si-Ca	66.1±0.5	33.6±0.3		0.5±0.5				
Si-Fe	69.3±3.0		24.6±0.8	4.5±0.4				3.6±1.0
Si-Ti-Fe	50.2±0.1	0.9±0.4	18.1±0.2	4.2±1.4	1.1±0.5	19.9±1.0		4.6±0.1
Si-V-Ti	67.8±0.1	0.4±0.4	0.7±0.2		19.3±0.2	8.9±0.3		3.1±0.1
Si-Al-Ca	41.4±1.3	21.7±1.1	0.6±0.6	34.8±2.4	0.5±0.5		1.2±1.0	2.1±0.7
Si-Ca-Ni	56.0±0.1	34.2±0.6		2.6±0.1				6.8±0.2
Si-Al-Fe-Ca	45.2±0.2	6.5±0.1	17.2±0.3	27.3±0.5				3.9±0.5

2.3.2　Si-Ca 合金的酸洗浸出行为

从工业硅表面刻蚀形貌结果可知，不同的杂质相具有不同的浸出行为，而杂质相的浸出行为最终影响着浸出效果。工业硅经 Ca 熔剂精炼后，其沉积相组成发生了变化。因此，有必要研究 Si-Ca 合金中杂质相在不同无机酸中的浸出行为。采用装有 EDS 的 EPMA 分析设备对酸刻蚀前后微观沉积相的形貌和成分进行分析，其分析结果如图 2-10 所示。

图 2-10（a）为 Si-Ca 合金表面沉积相在 HCl 刻蚀前后的形貌图。通过刻蚀前后对比可以发现，除 Si-Ca-Ni 相和 Si-Fe 相外，某些杂质相如 Si-Fe-Ti 相和 Si-V-Ti 相也不溶于 HCl[19~21]，而图中并未发现。出现这一现象可能与 Si-Fe-Ti 相、Si-V-Ti 相等难溶杂质相的富集状态有关。然而，难溶杂质相 Si-Fe-Ti 相和 Si-V-Ti 相嵌入在可溶杂质相 Si-Ca 相、Si-Al-Ca 相、Si-Al-Fe-Ca 相中，当可溶性杂质相被溶解时，这些难溶性杂质相也一并被带离于样品表面。但是，这一去除方式并不能最终提高浸出除杂的效率，因为从浸出残渣中分离这部分难溶杂质相变得更加困难。因此，根据 Margarido 等人[22]对不同杂质相在 HCl 中的活泼顺序，可得到如下的关系：

$$CaSi_2，CaAl_2Si_2 > Si-Al-Fe-Ca > Si-Al-Fe \gg Si-Fe，Si-Ti-Fe，Si-V-Ti，Si-Ca-Ni$$

图 2-10（b）为 Si-Ca 合金表面沉积相在 $HCl+HNO_3$ 刻蚀前后的形貌图。刻蚀前后对比可以发现，Si-Fe 相、Si-Ti-Fe 相和 Si-Ca-Ni 相也不溶于 $HCl+HNO_3$ 的混合刻蚀剂；并且，$CaSi_2$ 相因溶解时间较短，也没有被完全溶解，这也从另一方面说明 $CaSi_2$ 相对 $HCl+HNO_3$ 混合溶剂敏感度较低；而表面的其他杂质相如 Si-Al-Ca 相和 Si-Al-Fe-Ca 相被完全溶解。因此，根据以上分析，可以得到如下不同杂质相在 $HCl+HNO_3$ 中的活泼顺序：

$$CaAl_2Si_2，Si-Al-Fe-Ca > CaSi_2 \gg Si-Al-Fe \gg Si-Fe，Si-Ti-Fe，Si-V-Ti，Si-Ca-Ni$$

图 2-10（c）为 Si-Ca 合金表面沉积相在 HCl+HF 刻蚀前后的形貌图。刻蚀前后对比可以发现，合金表面的杂质相都被 HCl+HF 所溶解，其中包括在 HCl 和 $HCl+HNO_3$ 中都难溶的 Si-Fe 相、Si-Ti-Fe 相、Si-V-Ti 相和 Si-Ca-Ni 相，这说明 HCl+HF 为 Si-Ca 合金最佳浸出剂。

2.3.3　凝固速度对 Si-Ca 合金浸出效果的影响

根据上述讨论结果可知，HCl+HF 为 Si-Ca 合金最佳浸出剂。因此采用 2mol/L 的 HCl+HF 对不同凝固速率的 Si-Ca 合金进行浸出，以研究不同凝固速率对 Si-Ca 熔剂精炼除杂的影响。图 2-11 为工业硅和不同凝固速率下的 Si-Ca 合金经浸出后的 ICP-MS 检测结果；从图中可以看出，与工业硅直接进行湿法提纯相比，经 Si-Ca 熔剂精炼后，湿法处理更能有效去除工业硅中大部分的杂质，尤其是 P 杂质。但

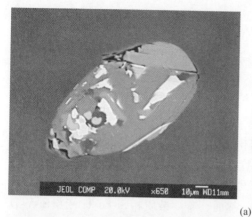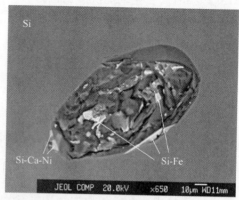

(a)

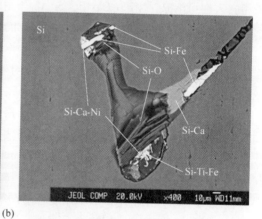

(b)

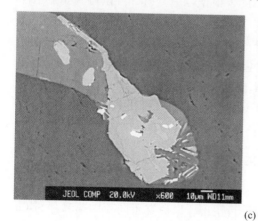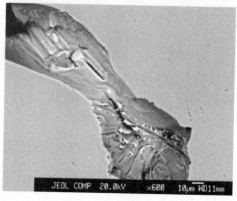

(c)

图 2-10　Si-Ca 合金表面形貌在不同浸出剂中刻蚀的演变图

（a）HCl；（b）HCl + HNO$_3$；（c）HCl+HF

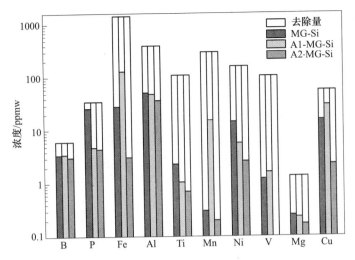

图 2-11　工业硅和不同冷速下的 Si-Ca 合金浸出前后杂质含量的变化图

需要指出的是，合金凝固速率对浸出 Si-Ca 合金中的杂质有着重要的影响，通过对比 A1-MG-Si（冷速：1℃/min）和 A2-MG-Si（冷速：5℃/min）的浸出结果可以发现，5℃/min 冷速的浸出结果全面好于 1℃/min 冷速的浸出结果，这是冷速过慢存在杂质元素向硅基体中反扩散的结果。因此，5℃/min 冷速的除杂效果要好于 1℃/min 冷速。根据熔剂精炼的原理，杂质元素在高温冷却过程中在初晶硅相和合金熔体中存在分凝现象，杂质元素向后凝固的熔体中扩散，但扩散速度需要足够的时间，冷速过大将导致杂质元素扩散不充分，分凝现象不明显；而冷速过小，容易导致固态熔体中的杂质元素向低杂质含量的初晶硅中反扩散，因此，在共晶温度以上冷却，冷速应足够小以使杂质充分扩散；而在共晶温度以下冷却，冷速应足够大，防止杂质元素向低杂质含量的初晶硅中扩散。Si-Ca 熔剂精炼并没有提高浸出除 B 杂质元素的效果，这与 B 杂质在 Si-Ca 合金中的分布特性有关。从图 2-9 的 B 杂质面分布图可以发现，B 杂质在 Si 相和沉积相中均匀分布，因此即便把沉积相都去除也不能降低硅中 B 杂质的含量，这一结果也表明，Si-Ca 熔剂精炼并不能降低 B 在初晶硅和合金相中的分凝系数。相比于 B 杂质，P 杂质通过 Si-Ca 熔剂精炼后，其浸出效率明显改善，这与大量 P 杂质溶解在 $CaAl_2Si_2$ 相有关，如图 2-9 所示。需要指出的是，工业硅经 Si-Ca 熔剂精炼后，其硅基体中溶有大量的 Ca 元素，与工业硅相比，即便浸出之后，精炼硅中钙杂质元素的含量也提高了 2 倍；庆幸的是 Ca 元素具有较高的饱和蒸气压和较小的分凝系数，可以通过真空精炼[23]和定向凝固[1]将其从硅基体中去除。经 Si-Ca 熔剂精炼和浸出后，工业硅中的金属杂质如 Ti、Mn、V 和 Mg 已能达到太阳能级硅的浓度要求[24]。

2.3.4   Si-Ca 合金的浸出动力学

图 2-12 为 A2-MG-Si 合金中 Al 和 Fe 杂质元素浸出率随浸出时间的变化图，从图中可以发现，Fe 和 Al 的浸出率随着浸出时间的延长而不断增加，但 Fe 杂质的初始浸出速率高于 Al 杂质的初始浸出速率，这可能有两方面的原因：一方面，工业硅中 Fe 杂质的初始含量为 Al 杂质含量的 3 倍，在杂质相都能被溶解时，高杂质含量的去除率更高；另一方面，Al 杂质元素在硅基体中的溶解度大于 Fe 杂质元素，一部分 Al 杂质元素溶解在硅基体中，而这部分杂质元素较难被酸洗去除。

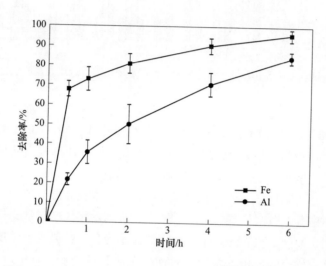

图 2-12   A2-MG-Si 中 Fe 和 Al 杂质浸出率与浸出时间的关系图

Margarido 等人[25]根据非催化作用下的固液反应的特点，提出了破裂收缩模型（Cracking Shrinking Model，CSM），并成功将其用于评价 Si-Fe 合金的浸出动力学过程[19,22]。根据 CSM，颗粒粒径发生变化的过程可以分成两个阶段：第一阶段：在发生反应之前，HF+HCl 浸出剂润湿粒径为 R 的颗粒，在充分润湿之后，浸出剂和表面沉积相开始反应，并诱使表面开始形成微裂纹，浸出剂开始沿着裂纹向里渗透，直到颗粒发生破裂（此时间为 t_c）；第二阶段：新脱落的小颗粒（$r \ll R$）继续和浸出剂反应。根据这一模型，浸出过程可能发生两种不同的控制过程，分别是反应物边界层扩散控制过程和界面化学反应控制过程，两种控制过程中浸出率和时间的关系表达如下：

（1）对于界面化学反应控制时：

$$1 - (1 - Y)^{\frac{1}{F_g}} = 1 - \left(\frac{1 - X}{1 - X_i}\right)^{\frac{1}{F_g}} = k(t - t_c) \tag{2-1}$$

（2）对于反应物边界层扩散过程控制时：

$$1 - (1 - Y)^{\frac{2}{F_g}} = 1 - \left(\frac{1 - X}{1 - X_i}\right)^{\frac{2}{F_g}} = D(t - t_c) \qquad (2\text{-}2)$$

式中，X 为浸出率，其与时间的关系为 $X = f(t)$；X_i 为在 t_c 时的浸出率；t 为反应时间；F_g 为形状因子（柱状体时，$F_g = 2$；球形时，$F_g = 3$），根据硅熔体在造渣精炼动力学过程分析可知，硅晶体结晶时其形状大多接近球形，因此取 $F_g = 3$；k 为速率常数；D 为扩散系数；$Y = (X - X_i)/(1 - X_i)$。将 $Y(t) = 1 - \left(\frac{1 - X}{1 - X_i}\right)^{1/3}$ 和

$Z(t) = 1 - \left(\frac{1 - X}{1 - X_i}\right)^{2/3}$ 分别代入式（2-1）和式（2-2），则浸出率和时间的关系可简化成一次函数的关系：

$$Y(t) = k(t - t_c) \qquad (2\text{-}3)$$

$$Z(t) = D(t - t_c) \qquad (2\text{-}4)$$

将图 2-12 中 Fe 和 Al 金属杂质在不同时间的浸出率数据代入式（2-3）和式（2-4），其拟合结果如图 2-13 所示。从图 2-13 中可以发现，采用 $Y(t)$ 函数拟合将得到更接近于 1 的回归常数，这说明 Si-Ca 合金中 Fe 和 Al 金属杂质在 HF+HCl 的浸出过程为化学反应控制过程，且其速率常数 k 分别为 $8.73 \times 10^{-2} \text{h}^{-1}$ 和 $7.28 \times 10^{-2} \text{h}^{-1}$。

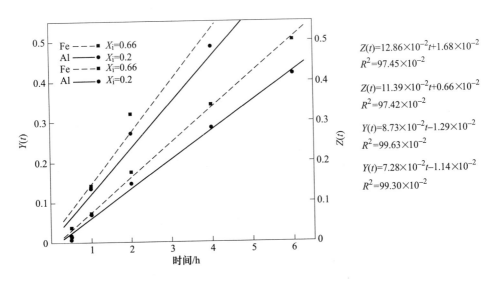

图 2-13 函数 $Y(X)$ 和函数 $Z(X)$ 与时间的关系

2.4　Si-Al-Ca 三元合金熔剂精炼及选择性除杂技术

2.4.1　Si-Al-Ca 合金形貌分析

　　根据 Si-Ca 合金形貌分析可知，$CaAl_2Si_2$ 相为唯一的含 P 杂质相，这一现象表明此杂质相对 P 具有更高的亲和力，许多研究团队[9,16~18]也发现了这一现象，但都缺少进一步研究。基于上述现象，根据 Si-Al-Ca 相图[13]，通过相重构技术形成 $CaAl_2Si_2$ 相来强化 P 杂质在初晶硅和合金相中的分凝，以达到高效除 P 的目的。

　　杂质元素由于在硅熔体中具有不同的物理化学性质导致其在硅冷却过程中具有不同的分凝行为，物理法除杂往往根据杂质的分凝行为来提出相应的高效除杂技术，因此，分析杂质的分凝行为具有重要的意义。根据工业硅表面形貌分析可知，Si-Fe 二元相为主要杂质相，而 Si-Ti-Fe 相、Si-Al-Fe 相和 Si-V-Ti 相零星地镶嵌在 Si-Fe 杂质相中；并且 P 杂质在硅基体中均匀分布。因此，即便工业硅中所有杂质相全部去除也不能够降低 P 在硅中的含量，必须改变 P 在硅基体中的分凝行为，而合金精炼是最为有效的方法之一。

　　通过将工业硅与 Al 粉和 Ca 块熔炼形成 Si-Al-Ca 合金（90at.%Si-6.7at.%Al-3.3at.%Ca）来分析 P 在初晶硅相和合金相的分凝行为。由于工业硅中的 P 杂质含量较低，为了便于电镜表征，将工业硅事先掺 P 处理（MG-Si-P）。根据图 2-14 的 XRD 分析可知，工业硅熔剂精炼后其主要相组成为 Si 相和 $CaAl_2Si_2$ 相，这

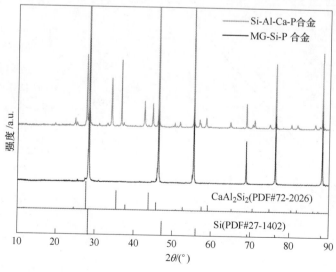

图 2-14　硅磷合金（MG-Si-P）及其与 Al 和 Ca 合金化后的 XRD 物相分析图

完全符合实验设计，这也说明在熔炼过程中各组分扩散均匀。图 2-15 为 MG-Si-P 与 Al、Ca 熔剂精炼后的表面形貌分析图；从图 2-15 可知，与工业硅中的表面形貌相比，Si-Al-Ca 相为主要杂质相，此外，Si-Al-Fe 相和 Si-Ti-V 相镶嵌在 Si-Al-Ca 主要杂质相中。根据图 2-15（b）的 EDS 成分分析可知，Si-Al-Ca 相中的各原子比接近于 2∶2∶1，并且图 2-14 的 XRD 分析结果也表明，工业硅熔剂精炼后只有 $CaAl_2Si_2$ 相，因此，断定 Si-Al-Ca 杂质相为 $CaAl_2Si_2$ 相。

图 2-15 和图 2-16 分别为 Si-Al-Ca 合金 EPMA 显微形貌及元素线扫描。从图中可知，P K_α 线强度随着 Al K_α 线和 Ca K_α 线强度的升高而升高；相反，随着 Si K_α 线强度升高而降低。这一结果表明：相比于硅基体相，Si-Al-Ca 相中含有大量的 P 杂质，也进一步说明相比于硅基体相和其他杂质相，液态 Si-Al-Ca 相在高温凝固过程中对 P 杂质具有更高的热力学亲和力。根据热力学计算结果表明[9]，相比于 P 杂质元素与 Si-Al-Ca 形成 Si-Al-Ca-P 合金，P 杂质元素更可能是溶解在 Si-Al-Ca 相中。

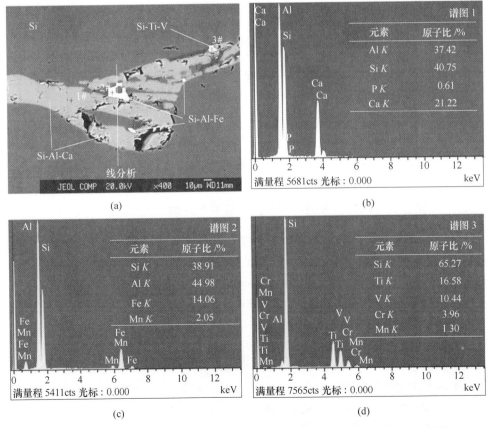

图 2-15　硅磷合金（MG-Si-P）与 Al 和 Ca 熔剂精炼后的显微形貌及 EDS 分析

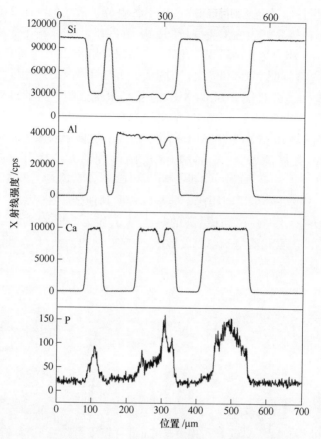

图 2-16 合金相的元素线分布图

2.4.2 凝固方式对磷杂质分凝行为及去除效果的影响

为了验证 Si-Al-Ca 熔剂精炼除工业硅中 P 杂质元素的效果，将工业硅与 Ca 和 Al 熔炼形成 90at.%Si-6.7at.%Al-3.3at.%Ca 合金，该过程的冷却速率控制为 5℃/min，其升温降温曲线如图 2-6 所示，将该冷却速率得到的合金标记为 S1。根据文献报道[9,16,26~29]，熔剂精炼除杂过程往往联合了湿法分离初晶硅工艺，为了独立地评估熔剂精炼除工业硅中杂质的效果，提纯工艺只涉及熔剂精炼，因为湿法处理工艺也能够降低工业硅中杂质的含量[30~32]，影响准确评估熔剂精炼的效果。相比于 ICP-MS（AES）和 GDMS 检测分析技术，用 SIMS 原位微区分析技术将更能准确地分析初晶硅中杂质的含量，其检测分析结果见表 2-3。由表可知，除 P、B、Al 外，熔剂精炼后的初晶硅中其他杂质浓度都低于 SIMS 的检测限，并且此杂质浓度值也低于太阳能级硅对杂质含量的要求。重要的是 Ca 作为金属吸杂剂添加到合金中（添加量 3.3at.%），其在初晶硅中的含量也低于 SIMS 对 Ca

表 2-3 不同凝固方式下初晶硅中杂质的含量及太阳能级硅对杂质含量的要求[24]

杂质元素	杂质浓度/ppmw						分凝系数
	MG-Si	S1	S2	S3	S4	SoG-Si	
B	8.6	7.54	5.13	4.23	6.41	0.1~1.5	0.8
P	35	4.55	3.8	4.42	8.21	0.1~1	0.35
Fe	1424	—	—	—	—	<0.1	8.0×10^{-6}
Al	394	140	150	95.4	93.9	<0.1	2.0×10^{-3}
Ca	39	—	—	—	—	<1	$1.3 \times 10^{-4} \sim 5.2 \times 10^{-4}$
Ti	109	—	—	—	—	≪1	2.0×10^{-6}
Mn	289	—	—	—	—	≪1	1.3×10^{-5}
Ni	157	—	—	—	0.029	<0.1	1.4×10^{-5}
Cu	56	—	—	—	—	<1	4.0×10^{-4}
V	103	—	—	—	—	≪1	4.0×10^{-6}
Cr	4.1	—	—	—	—	≪1	1.1×10^{-5}
纯度/%	99.74	99.985	99.984	99.990	99.989	>99.999	

注:"—"表示低于检测限(Fe:7.96ppbw;Ca:1.43ppbw;Ti 0.34ppbw;Mn:3.92ppbw;Ni:20.9ppbw;Cu:22.6ppbw;V:0.36ppbw;Cr:0.32ppbw)。

的 1.43ppbw 的检测限。出现这一现象与 Ca 具有较小的分凝系数($1.3 \times 10^{-4} \sim 5.2 \times 10^{-4}$)及在硅中具有较低的溶解度有关[1]。一方面,如预期的一样,P 杂质元素经一次熔剂精炼从 35ppmw 降低至 4.55ppmw,接近 87% 的去除率,这说明 $CaAl_2Si_2$ 相对 P 杂质有着极强的亲和力;另一方面,B 杂质元素经一次熔剂精炼后其含量从 8.6ppmw 降低到 7.54ppmw,这一结果表明,Si-Al-Ca 熔剂精炼基本无除 B 杂质的能力,只能通过其他火法冶金的方法将其去除[33~35]。与此同时,Al 杂质元素在初晶硅中的最终含量为 140ppmw,这与 Al 在硅中具有较高的溶解度(412ppmw)[36]有关;不过,Al 具有较小的分凝系数及较高的饱和蒸气压,能通过定向凝固[37]和真空精炼[23]将其从硅中去除。

为了研究淬火温度对 Si-Al-Ca 熔剂精炼除杂的影响,将 Si-Al-Ca 合金在冷却过程中低于或高于共晶温度(934℃)100℃上淬火,并分别得到 S2 和 S3 样品,其初晶硅杂质含量的 SIMS 检测结果见表 2-3。与冷速为 5℃/min 的 S1 样相比,这两种淬火方式有利于提高 P 杂质和 B 杂质的去除率。另外,当在共晶温度以下淬火时,并不影响初晶硅中 Al 杂质的含量;但在高于共晶温度淬火时,初晶硅中 Al 含量将下降,这是因为高于共晶温度淬火抑制了 Al 元素固态反扩散的缘故。然而，许多研究团队也发现了不一样的现象；Li 等学者[38]研究了不同冷却速率（1℃/min、3℃/min 和 5℃/min）下 Si-Al 熔剂精炼除 B 的效果，发现冷却速率越低越有利于 B 杂质的去除，Sakata 等人[39]在 Si-Ca-(Fe，Ti) 熔剂精炼除 P 中也发现了类似的结论。然而，Esfahani 等人[40]和 Li 等人[28]研究发现越快的冷却速率更有利于 B 杂质的去除，因为存在杂质的固态反扩散。上述的分析主要区别在于淬火的温度，根据熔剂精炼的原理，在高于共晶温度时，慢冷有利于杂质元素获得足够的时间向后凝固的合金相中分凝；相反，在低于共晶温度时，快冷有利于获得纯度较高的初晶硅，因快冷抑制了杂质元素在冷却过程中的固态反扩散。因此，基于杂质在不同温度的扩散机制，高于共晶温度淬火时，此时的共晶相仍然是液相，能够抑制杂质向初晶硅中扩散，能够获得高纯度的初晶硅。结果表明，Si-Al-Ca 合金在高于共晶温度 100℃淬火能够得到纯度为 99.99%的初晶硅。

2.4.3　合金含量与合金化次数对磷杂质分凝行为及去除效果的影响

从工业化生产的角度考虑，在不降低除杂效率的前提下，熔剂精炼所用金属熔剂的量越少越好。为了验证金属熔剂含量对除杂效果的影响，将金属吸杂剂的含量从 10at.%降低到 5at.%，其实验分析结果见表 2-3（S4）。与 S1 号样品相比，吸杂剂含量降低一半，初晶硅中 P 的浓度从 4.55ppmw 上升到 8.21ppmw，相应的去除率从 87%下降到 77%。因此，所添加的金属吸杂剂越多，形成 $CaAl_2Si_2$ 相越多，对 P 杂质的溶解度也就越大，相应的 P 的去除率就越大。另外，对比 S4 和 S1 还可以发现，所添加的金属吸杂剂较少时，初晶硅中 B 杂质含量下降，这说明加入的金属吸杂剂带入了一部分 B 杂质。

为了研究熔剂精炼次数对除工业硅中杂质的影响，通过湿法回收一次熔剂精炼的初晶硅，再将获得的初晶硅作为硅源进行第二次相同的熔剂精炼工艺。图 2-17 为 95at.%Si-3.3at.%Al-1.7at.%Ca 合金表面杂质相经两次不同刻蚀剂刻蚀后的形貌演变图。通过对比图 2-17（a）和（b）可以发现，$CaAl_2Si_2$ 相很容易与酸反应，但由于 $CaAl_2Si_2$ 相具有稳定的网络架构，浸出时 Al 和 Ca 从网络中被溶解到溶液中，而保存着 Si 原子形成的稳定架构[41]，因此，在湿法回收初晶硅时，需要相应的延长浸出时间以溶解所有 $CaAl_2Si_2$ 相。

图 2-18 为不同熔剂精炼次数对除工业硅中杂质的影响图，需要说明的是图中未列出的其他杂质元素的浓度都低于 SIMS 的检测限。从图中可以看出，P 杂质元素经两次熔剂精炼后其浓度从 35ppmw 下降至 2.14ppmw，但并未提高 B 和 Al 的去除率。和 S1 样品相比可以发现，少量的金属熔体加上多次的熔剂精炼更有利于除工业硅中的 P 杂质，多次熔剂精炼将消耗更多的电能，提高成本。

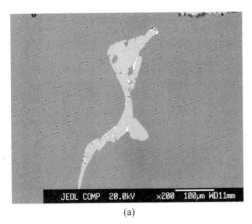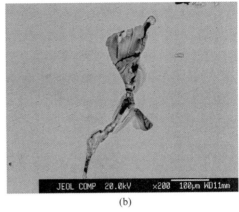

(a)   (b)

图 2-17　95at.%Si-3.3at.%Al-1.7at.%Ca 合金（S4）在酸刻蚀前后的形貌变化图

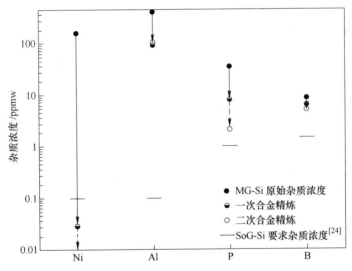

图 2-18　熔剂精炼次数对除工业硅中杂质的影响

2.4.4　磷杂质在固态硅和液态中 Si-Al-Ca 相的热力学性质

　　杂质元素在固态硅和合金相中的热力学分凝决定了金属吸杂剂的除杂能力。为了评估 Si-Al-Ca 熔剂精炼除 P 的能力，有必要研究 P 在固态硅和液态合金相中的热力学性能。

　　首先，通过将预合成的 Si-Al-Ca-P 合金（80at.%Si-13.3at.%Al-6.7at.%Ca）在凝固过程中保温不同时间以得到平衡时间。为了抵消杂质因偏析所带来的浓度差异，引入分凝系数（固相杂质元素浓度与液相杂质元素浓度的比值）来更准确地判断平衡时间，其结果如图 2-19 所示。图中引入 Al 的分凝系数来辅助判断

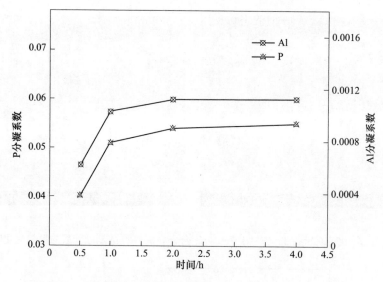

图 2-19   P 元素和 Al 元素的分凝系数与时间的关系图（1000℃）

平衡时间；从图中可知，P 分凝系数在前 2h 随着时间的延长而增大，但 2h 后基本保持不变。因此，基于上述分析，在 1000℃ 保温 2h，各组元扩散基本已达平衡。由于温度升高，平衡时间将缩短，因此，将 2h 定为各淬火温度（1000℃、1050℃、1100℃、1150℃ 和 1200℃）的保温时间。

根据 Si-Al-Ca 相图[13]，在高于共晶温度 934℃ 淬火时，凝固后固体只存在两种相，分别是 Si 相和 Si-Al-Ca 相。P 杂质元素在固态 Si 相和液态合金相中的分凝系数与淬火温度的关系如图 2-20 所示。从图中可知，P 的分凝系数随着温度的

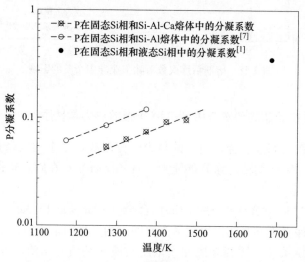

图 2-20   P 杂质元素的分凝系数与温度的关系图

升高而升高，这也说明 Si 中的 P 杂质元素在较低熔炼温度下更容易去除。同样地，Yoshikawa 等人[7]在采用 Si-Al 熔剂精炼除 P 过程中也发现类似规律，如图 2-20 所示。但是，两者从 P 分凝系数的大小来看，Si-Al-Ca 熔剂精炼能获得比 Si-Al 熔剂精炼更小的分凝比，即 Si-Al-Ca 熔剂精炼具有更高效地除 P 能力。这一结果也可以通过对比 Al 和 Ca 与 P 形成磷化物的热力学稳定性来解释。如图 2-21 所示，Ca 与 Al 相比，Ca 对 P 有更强的亲和力，因此，往 Si-Al 合金中加入与 P 亲和力更强的 Ca 吸杂剂将提高 Si-Al 熔体除 P 能力。

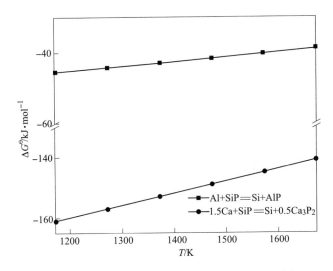

图 2-21 Al、Ca、Si 元素的磷化物稳定性对比图

通过计算 P 在 Si 相和 Si-Al-Ca 相中的热力学性能，即 P 在固态 Si 相和液态合金相中的活度系数来评估 Si-Al-Ca 合金的除 P 能力。在平衡状态时，P 在固态 Si 和液态 Si-Al-Ca 相中的化学势相等，则有：

$$\mu_{P(s)\,in\,solid\,Si} = \mu_{P(l)\,in\,Si\text{-}Al\text{-}Ca\,melt} \tag{2-5}$$

$$\mu^0_{P(s)\,in\,solid\,Si} + RT\ln a_{P(s)\,in\,solid\,Si} = \mu^0_{P(l)\,in\,Si\text{-}Al\text{-}Ca\,melt} + RT\ln a_{P(l)\,in\,Si\text{-}Al\text{-}Ca\,melt} \tag{2-6}$$

$$\ln a_{P(s)\,in\,solid\,Si} = \frac{\Delta G_P^{\ominus fusion}}{RT} + \ln a_{P(l)\,in\,Si\text{-}Al\text{-}Ca\,melt} \tag{2-7}$$

$$\ln \gamma_{P(s)\,in\,solid\,Si} + \ln x_{P(s)\,in\,solid\,Si} = \frac{\Delta G_P^{\ominus fusion}}{RT} + \ln \gamma_{P(l)\,in\,Si\text{-}Al\text{-}Ca\,melt} + \ln x_{P(l)\,in\,Si\text{-}Al\text{-}Ca\,melt} \tag{2-8}$$

式中，$\gamma_{P(s)\,in\,solid\,Si}$ 和 $\gamma_{P(l)\,in\,Si\text{-}Al\text{-}Ca\,melt}$ 分别为 P 在固态 Si 和液态 Si-Al-Ca 合金相中的

活度系数。将 $\ln\gamma_{P(s)\text{ in solid Si}}$ 第一阶展开式为：

$$\ln\gamma_{P(s)\text{ in solid Si}} = \ln\gamma^0_{P(s)\text{ in solid Si}} + \varepsilon^P_P x_{P\text{ in solid Si}} + \varepsilon^{Ca}_P x_{Ca\text{ in solid Si}} + \varepsilon^{Al}_P x_{Al\text{ in solid Si}} \quad (2\text{-}9)$$

式中，$\gamma^0_{P(s)\text{ in solid Si}}$ 为相对于固体纯 P 在无限稀溶液的活度系数；ε^P_P，ε^{Ca}_P 和 ε^{Al}_P 分别为固态硅中 P 与 P 之间、P 与 Ca 之间和 P 与 Al 之间的相互作用系数。鉴于 Ca 和 P 在固体硅中较低的含量，可以认为 $\varepsilon^P_P x_{P\text{ in solid Si}}$ 和 $\varepsilon^{Ca}_P x_{Ca\text{ in solid Si}}$ 都为零。那么将式（2-9）代入式（2-8）可得：

$$\ln\gamma_{P(l)\text{ in Si-Al-Ca melt}} = -\frac{\Delta G^{\ominus\text{ fusion}}_P}{RT} + \ln x_{P(s)\text{ in solid Si}} + \ln\gamma^0_{P(s)\text{ in solid Si}} +$$

$$\varepsilon^{Al}_P x_{Al\text{ in solid Si}} - \ln x_{P(l)\text{ in Si-Al-Ca melt}} \quad (2\text{-}10)$$

其中，$\gamma^0_{P(s)\text{ in solid Si}}$ 和 ε^{Al}_P 可以分别基于 Khajavi 等人[8] 和 Yoshikawa 等人[7] 的相关结果通过外推法计算得到；而 $x_{P(s)\text{ in solid Si}}$、$x_{Al\text{ in solid Si}}$ 和 $x_{P(l)\text{ in Si-Al-Ca melt}}$ 可以通过表 2-4 查得。将红磷熔化的吉布斯自由能（$\Delta G^{\ominus\text{ fusion}}_P$）[42] 代入式（2-10），则可求得式（2-10）右边在不同淬火温度下的数值，如图 2-22 所示。通过线性拟合可以计算 P 在固态 Si 和液态 Si-Al-Ca 合金相中的活度系数为：

$$\ln\gamma_{P(s)\text{ in solid Si}} = 425884.6/T - 294.7 \quad (2\text{-}11)$$

$$\ln\gamma_{P(l)\text{ in Si-Al-Ca melt}} = 417865.2/T - 290.5 \quad (2\text{-}12)$$

表 2-4　P 元素和 Al 元素分别在初晶硅和 Si-Al-Ca 合金中的浓度

温度/K	固态 Si 中的 x_P	固态 Si 中的 x_{Al}	液态 Si-Al-Ca 合金中的 x_P	分凝系数（k_P）
1273	0.0031	0.0202	0.0578	0.054
1323	0.0041	0.0204	0.0649	0.063
1373	0.0049	0.0246	0.0656	0.075
1423	0.0048	0.0334	0.0524	0.092
1473	0.0071	0.0338	0.0742	0.096

由图 2-22 可知，与 P 在初晶 Si 相的活度系数相比，P 在 Si-Al-Ca 合金相中具有较低的活度系数，表明 P 杂质更倾向于向 Si-Al-Ca 合金相中分凝，即 Si-Al-Ca 合金相对 P 具有更强的亲和力，这也和图 2-20 的分析结果保持一致。因此，从热力学角度，Si-Al-Ca 熔剂精炼非常适合于工业硅除 P。并且如图 2-22 所示，在低温区间，P 在 Si-Al-Ca 合金相中的活度系数比 P 在固体硅中 Henrian 活度系数[8] 大数十倍，这也表明往 Si 熔体中加入了 Ca 和 Al 金属吸杂剂使得 P 杂质变得不稳定。

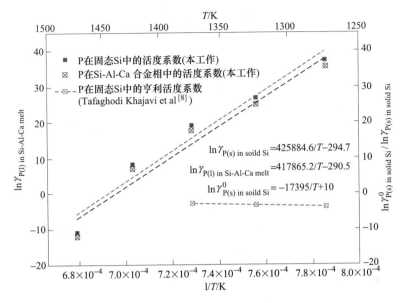

图 2-22　P 元素在初晶硅和 Si-Al-Ca 合金相中的活度系数与温度的关系

参 考 文 献

[1] Trumbore F A. Solid solubilities of impurity elements in germanium and silicon [J]. Bell System Technical Journal, 1960, 39 (1): 205-233.

[2] Zheng S S, Chen W H, Cai J, et al. Mass transfer of phosphorus in silicon melts under vacuum induction refining [J]. Metallurgical and Materials Transactions B, 2010, 41 (6): 1268-1273.

[3] Zheng S S, Abel Engh T, Tangstad M, Luo X T. Separation of phosphorus from silicon by induction vacuum refining [J]. Separation and Purification Technology, 2011, 82: 128-137.

[4] Zheng S S, Abel Engh T, Tangstad M, Luo X T. Numerical simulation of phosphorus removal from silicon by induction vacuum refining [J]. Metallurgical and Materials Transactions A, 2011, 42 (8): 2214-2225.

[5] Jung E J, Moon B M, Min D J. Quantitative evaluation for effective removal of phosphorus for SoG-Si [J]. Solar Energy Materials and Solar Cells, 2011, 95 (7): 1779-1784.

[6] Meteleva Fischer Y, Yang Y, Boom R, et al. Slag treatment followed by acid leaching as a route to solar-grade silicon [J]. JOM, 2012, 64 (8): 957-967.

[7] Yoshikawa T, Morita K. Removal of phosphorus by the solidification refining with Si-Al melts [J]. Science and Technology of Advanced Materials, 2003, 4 (6): 531-537.

［8］ Tafaghodi Khajavi L, Barati M. Thermodynamics of phosphorus in solvent refining of silicon using ferrosilicon alloys ［J］. Metallurgical and Materials Transactions B, 2016, 48 (1)：268-275.

［9］ Sun L, Wang Z, Chen H, et al. Removal of phosphorus in silicon by the formation of $CaAl_2Si_2$ phase at the solidification interface ［J］. Metallurgical and Materials Transactions B, 2016, 48 (1)：420-428.

［10］ Miki T, Morita K, Sano N. Thermodynamics of phosphorus in molten silicon ［J］. Metallurgical and Materials Transactions B-Process Metallurgy and Materials Processing Science, 1996, 27 (6)：937-941.

［11］ Okamoto H. Ca-Si (calcium-silicon) ［J］. Journal of Phase Equilibria and Diffusion, 2007, 28 (4)：404.

［12］ Meteleva Fischer Y, Yongxiang Y, Rob B, et al. Microstructure of metallurgical grade silicon and its acid leaching behaviour by alloying with calcium ［J］. Mineral Processing and Extractive Metallurgy, 2013, 122：229-237.

［13］ Anglezio J C, Servant C, Ansara I. Contribution to the experimental and thermodynamic assessment of the Al-Ca-Fe-Si system. Al-Ca-Fe, Al-Ca-Si, Al-Fe-Si and Ca-Fe-Si systems ［J］. Calphad-Computer Coupling of Phase Diagrams and Thermochemistry, 1994, 18 (3)：273-309.

［14］ Shin J H, Park J H. Conversion of calcium phosphide to calcium phosphate in reducing dephosphorization slags by oxygen injection ［J］. ISIJ International, 2013, 53 (12)：2266-2268.

［15］ Shimpo T, Yoshikawa T, Morita K. Thermodynamic study of the effect of calcium on removal of phosphorus from silicon by acid leaching treatment ［J］. Metallurgical and Materials Transactions B, 2004, 35 (2)：277-284.

［16］ Hu L, Wang Z, Gong X, et al. Purification of metallurgical-grade silicon by Sn-Si refining system with calcium addition ［J］. Separation and Purification Technology, 2013, 118：699-703.

［17］ Anglezio J C, Servant C, Dubrous F. Characterization of metallurgical grade silicon ［J］. Journal of Materials Research, 1990, 5 (9)：1894-1899.

［18］ Ludwig T H, Schonhovd Dæhlen E, Schaffer P L, Arnberg L. The effect of Ca and P interaction on the Al-Si eutectic in a hypoeutectic Al-Si alloy ［J］. Journal of Alloys and Compounds, 2014, 586：180-190.

［19］ Margarido F, Martins J P, Figueiredo M O, Bastos M H. Kinetics of acid leaching refining of an industrial Fe-Si alloy ［J］. Hydrometallurgy, 1993, 34 (1)：1-11.

［20］ Margarido F, Figueiredo M O, Queiroz A M, Martins J P. Acid leaching of alloys within the quaternary system Fe-Si-Ca-Al ［J］. Industrial & Engineering Chemistry Research, 1997, 36 (12)：5291-5295.

［21］ He F L, Zheng S S, Chen C. The effect of calcium oxide addition on the removal of metal impurities from metallurgical-grade silicon by acid leaching ［J］. Metallurgical and Materials Transactions B, 2012, 43 (5)：1011-1018.

[22] Margarido F, Bastos M H, Figueiredo M O, Martins J P. The structural effect on the kinetics of acid leaching refining of Fe-Si alloys [J]. Materials Chemistry and Physics, 1994, 38 (4): 342-347.

[23] Jiang D C, Tan Y, Shi S, et al. Evaporated metal aluminium and calcium removal from directionally solidified silicon for solar cell by electron beam candle melting [J]. Vacuum, 2012, 86 (10): 1417-1422.

[24] Gribov B G, Zinov'ev K V. Preparation of high-purity silicon for solar cells [J]. Inorganic Materials, 2003, 39 (7): 653-662.

[25] Martins J P, Margarido F. The cracking shrinking model for solid-fluid reactions [J]. Materials Chemistry and Physics, 1996, 44 (2): 156-169.

[26] Lai H X, Huang L Q, Lu C H, et al. Leaching behavior of impurities in Ca-alloyed metallurgical grade silicon [J]. Hydrometallurgy, 2015, 156: 173-181.

[27] Li Y Q, Tan Y, Li J Y, et al. Effect of Sn content on microstructure and boron distribution in Si-Al alloy [J]. Journal of Alloys and Compounds, 2014, 583: 85-90.

[28] Li Y Q, Tan Y, Li J Y, Morita K. Si purity control and separation from Si-Al alloy melt with Zn addition [J]. Journal of Alloys and Compounds, 2014, 611: 267-272.

[29] Ban B, Li J, Bai X, et al. Mechanism of B removal by solvent refining of silicon in Al-Si melt with Ti addition [J]. Journal of Alloys and Compounds, 2016, 672: 489-496.

[30] Lai H X, Huang L Q, Gan C H, et al. Enhanced acid leaching of metallurgical grade silicon in hydrofluoric acid containing hydrogen peroxide as oxidizing agent [J]. Hydrometallurgy, 2016, 164: 103-110.

[31] Lai H X, Huang L Q, Xiong H P, et al. Hydrometallurgical purification of metallurgical grade silicon with hydrogen peroxide in hydrofluoric acid [J]. Industrial & Engineering Chemistry Research, 2017, 56 (1): 311-318.

[32] Kim J, No J, Choi S, et al. Effects of a new acid mixture on extraction of the main impurities from metallurgical grade silicon [J]. Hydrometallurgy, 2015, 157: 234-238.

[33] Wu J J, Ma W H, Jia B, et al. Boron removal from metallurgical grade silicon using a CaO-Li$_2$O-SiO$_2$ molten slag refining technique [J]. Journal of Non-Crystalline Solids, 2012, 358 (23): 3079-3083.

[34] Nakamura N, Baba H, Sakaguchi Y, Kato Y. Boron removal in molten silicon by a steam-added plasma melting method [J]. Materials Transactions-JIM, 2004, 45 (3): 858-864.

[35] Nishimoto H, Kang Y, Yoshikawa T, Morita K. The rate of boron removal from molten silicon by CaO-SiO$_2$ slag and Cl$_2$ treatment [J]. High Temperature Materials and Processes, 2012, 31 (4-5): 471-477.

[36] Yoshikawa T, Morita T. Solid solubilities and thermodynamic properties of aluminum in solid silicon [J]. Journal of the Electrochemical Society, 2003, 150 (8): G465.

[37] Martorano M A, Neto J B F, Oliveira T S, Tsubaki T O. Refining of metallurgical silicon by

directional solidification [J]. Materials Science and Engineering: B, 2011, 176 (3): 217-226.

[38] Li Y Q, Tan Y, Li J Y, et al. Effect of Sn content on microstructure and boron distribution in Si-Al alloy [J]. Journal of Alloys and Compounds, 2014, 583: 85-90.

[39] Sakata T, Miki T, Morita K. Removal of iron and titanium in poly-crystalline silicon by acid leaching [J]. Journal of the Japan Institute of Metals, 2002, 66 (5): 459-465.

[40] Esfahani S, Barati M. Purification of metallurgical silicon using iron as impurity getter, Part II: Extent of silicon purification [J]. Metals and Materials International, 2011, 17 (6): 1009-1015.

[41] Reynolds J E. The systhesis of a silicalcyanide and of a felspar [J]. Royal Society, 1913, 88 (600): 37-48.

[42] Olesinski R W, Kanani N, Abbaschian G J. The Ge-P (germanium-phosphorus) system [J]. Bulletin of Alloy Phase Diagrams, 1985, 6 (3): 262-266.

3 硅铝钙熔剂强化造渣精炼除杂技术

3.1 引言

硼（B）、磷（P）是硅中典型的非金属杂质，由于其分凝系数接近于 $1^{[1]}$，通过传统的定向凝固和湿法冶金工艺很难将它们从工业硅中去除，因此，必须通过火法冶金工艺改变 B、P 的富集形式，直接或者间接地将它们去除。从硅钙熔剂精炼可知，熔剂精炼后可以强化湿法工艺除 P，但对于湿法除 B 并无明显改善效果。目前，较为有效的除 B 物理冶金技术有：吹气精炼[2,3]、等离子体精炼[4,5]和造渣精炼[6~10]等。然而，吹气精炼和等离子体精炼等方法存在操作复杂、对设备要求高等缺点，并不适合工业化生产，而造渣精炼适合于大批量工业化生产[10,11]，而选用还原性渣剂还能有效去除 P 杂质[12,13]。Li_2O 在硅中具有较高的氧化活性，采用 SiO_2-Li_2O 渣系可以高效除去工业硅中 B 杂质；Si-Al-Ca 熔剂强化还原性 CaO-CaF_2 造渣精炼可以实现 P 杂质在合金相中的富集，从而有效去除 P 杂质，对工业生产具有理论和工艺指导意义。

3.2 合金熔剂强化造渣工艺

3.2.1 Li_2O-SiO_2 渣系造渣精炼除硼工艺

在造渣精炼工艺中，选用 Li_2O-SiO_2 和 Li_2O-SiO_2-CaF_2 两种渣剂对工业硅除 B 效率进行研究，得到造渣除 B 后的精炼硅（S-MG-Si）。从硅钙熔剂精炼可知，湿法提纯工艺可以去除硅中富集的金属杂质相。因此，造渣精炼与湿法提纯工艺相联合既能去除硅中 B 杂质又能够去除金属杂质。造渣精炼的实验流程如图 3-1 所示。

其具体工艺步骤如下：

(1) 在配制造渣剂前，将渣剂原料在干燥箱中烘 24h，温度为 80℃。

(2) 将烘干后的渣剂在玛瑙研钵中均匀研磨混合，时间为 15min。

(3) 将经破碎成粒径 5~30mm 的工业硅料加入熔炼石墨坩埚中迅速加热熔化。

(4) 待硅熔化后，将混合均匀的渣剂加入熔融硅液中，进行造渣精炼。

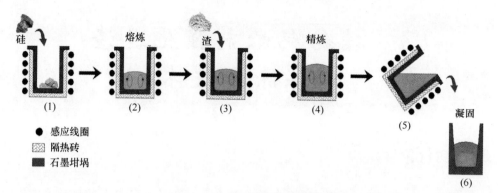

图 3-1 造渣实验过程流程图

（1）下料；（2）熔化；（3）加渣；（4）精炼；（5）浇铸；（6）凝固

（5）待熔炼结束，将渣硅混合液浇铸到预热的承接坩埚中。

（6）完全冷却后，通过机械破碎，将渣硅分离，用于 B 元素检测。

以上所述的造渣工艺条件见表 3-1。

表 3-1 造渣工艺条件

实验序号	总质量/g	成分/wt. %			渣硅比/g·g⁻¹	精炼温度/℃	时间/min
		Li_2O	SiO_2	CaF_2			
（1）	40	54	36	10	1	1700	10
（2）	40	54	36	10	1	1700	20
（3）	40	54	36	10	1	1700	30
（4）	40	54	36	10	1	1700	40
（5）	40	54	36	10	1	1700	50
（6）	40	54	36	10	1	1700	60
（7）	40	15	75	10	1	1700	30
（8）	40	40	50	10	1	1700	30
（9）	40	60	30	10	1	1700	30
（10）	40	64	26	10	1	1700	30
（11）	40	67.5	22.5	10	1	1700	30
（12）	40	16.7	83.3	—	1	1700	30
（13）	40	44.4	55.6	—	1	1700	30
（14）	40	60	40	—	1	1700	30
（15）	40	66.7	33.3	—	1	1700	30
（16）	40	71.4	28.6	—	1	1700	30

实验序号	总质量/g	成分/wt. %			渣硅比/g·g⁻¹	精炼温度/℃	时间/min
		Li_2O	SiO_2	CaF_2			
(17)	40	75	25	—	1	1700	30
(18)	40	54	36	10	0.5	1700	30
(19)	40	54	36	10	1.5	1700	30
(20)	40	54	36	10	2	1700	30
(21)	40	54	36	10	2.5	1700	30
(22)	40	54	36	10	3	1700	30
(23)	40	60	40	—	0.5	1700	30
(24)	40	60	40	—	1.5	1700	30
(25)	40	60	40	—	2	1700	30
(26)	40	60	40	—	3	1700	30

3.2.2 Si-Al-Ca 熔剂精炼强化 CaO-CaF₂ 造渣精炼除磷工艺

合金造渣强化湿法提纯工业硅的实验流程图如图 3-2 所示。首先，将工业硅、Al 粉和 Ca 块混合均匀后装入带盖的氧化铝坩埚中，其中 Al 和 Ca 的原子比保持 2∶1；将氧化铝坩埚通过带气氛保护的管式炉加热到 1450℃，保温 6h 后以 5℃/min 的降温速度冷却到常温得到 Si-Al-Ca 合金。然后将经破碎的 Si-Al-Ca 合金以 1∶2 的比例与渣剂混合均匀后装入带盖石墨坩埚中，将石墨坩埚在氩气气氛保护的管式炉中加热到 1500℃，经保温 6h 后以 5℃/min 的降温速度冷却到常温得到渣硅混合物；再通过机械分离方式将渣和合金硅分离，得到合金硅再经酸浸和刻蚀两道不同的实验处理流程，如图 3-2 所示。需要指出的是酸浸和刻蚀皆

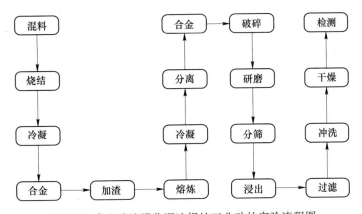

图 3-2 合金造渣强化湿法提纯工业硅的实验流程图

分为两个步骤，所用溶剂为：$HCl+CH_3COOH+H_2O$（体积比为1∶1∶2）和$HCl+HF+H_2O$（体积比为1∶1∶2）。将得到的合金硅重复上述造渣精炼工艺得到二次精炼合金硅，将合金硅经酸浸处理得到二次提纯的精炼硅。

3.3　Li_2O-SiO_2渣系造渣精炼除硼技术

3.3.1　工艺条件和渣剂成分对除硼的影响

渣剂成分为54wt.%Li_2O-36wt.%SiO_2-CaF_2，渣硅比为1，研究不同的熔炼时间对造渣除B的影响，其结果如图3-3所示。在熔炼30min之前，精炼硅中B含量随着时间的延长不断降低；在熔炼30min之后，精炼硅中B的含量只略微下降；但精炼硅中B含量在熔炼50min之后出现上升趋势，这与硅长时间熔炼蒸发有关。由于B元素具有比硅元素更低的饱和蒸气压，在熔炼过程中基本不会以B蒸气的形式挥发，而硅在空气中熔炼，存在氧化、挥发机制，造成硅含量下降，最终导致B浓度上升。同样地，从图3-3可知，造渣后渣中B的含量开始不断上升，在30min后基本保持不变，B含量接近动态平衡。对比精炼硅和渣中的B含量变化可以看出：经造渣除B后，工业硅的B浓度从8.6ppmw下降到0.99ppmw；而渣的浓度只上升到0.94ppmw。根据质量守恒定律，忽略造渣前后渣、硅损失，应存在如下关系：

$$m_{Si}C_{[B]_0} + m_{Slag}C_{(B)_0} = m_{Si}C_{[B]} + m_{Slag}C_{(B)} + m_B \tag{3-1}$$

式中，m_{Si}和m_{Slag}分别为硅和渣的质量；$C_{[B]_0}$和$C_{[B]}$分别为造渣前后硅中B的浓度；$C_{(B)_0}$和$C_{(B)}$分别为造渣前后渣中B的浓度；m_B为挥发的B质量。因此，通过上式计算可知，熔炼过程中存在大量的B产物挥发，这也是B去除的主要机制之一。

采用Li_2O-SiO_2和Li_2O-SiO_2-10wt.%CaF_2两种渣，渣硅比为1，研究不同Li_2O/SiO_2对渣剂除B能力的影响，其结果如图3-4所示。由图可知，在不同的Li_2O/SiO_2比（$0.2<Li_2O∶SiO_2<3$）下，硅中B的含量表现出先降低后增加的趋势，且在比值接近2时，渣的除B能力达到最优。业内普遍认为，采用氧化性渣造渣除B过程中，B主要被SiO_2氧化为B氧化物，然后再与碱性氧化物反应，其反应方程式如下[14,15]：

$$[B] + \frac{3}{2}O^{2-} + \frac{3}{4}O_2 \longrightarrow BO_3^{3-} \tag{3-2}$$

在上述反应中，氧势p_{O_2}及氧离子（O^{2-}）分别由SiO_2和Li_2O提供，其反应方程如下：

$$SiO_2 \longrightarrow Si + O_2 \tag{3-3}$$

$$Li_2O \longrightarrow 2Li^+ + O^{2-} \tag{3-4}$$

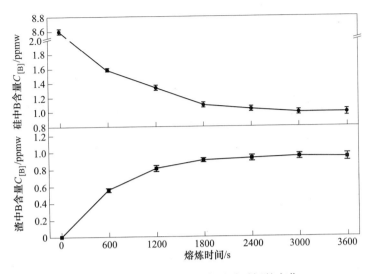

图 3-3 精炼硅和渣中 B 含量随时间的变化

Johnston 等人[14]认为渣剂的除 B 能力是渣的碱度（Λ）和 SiO₂ 活度（a_{SiO_2}）的函数关系，而碱度可以定义为碱性氧化物提供的自由氧离子（O^{2-}）的浓度。渣剂中含有高含量的 Li₂O 时，一方面能够提高碱度；另一方面，由于 Li₂O 会与 SiO₂ 直接反应，在相同渣量的情况下将降低 SiO₂ 的活度。因此，增加碱度将牺牲 SiO₂ 的活度，反之亦然；故渣剂存在一个最佳的 Li₂O/SiO₂ 比值。

有研究者[16,17]在造渣过程中加入 CaF₂ 来提高渣的流动性、降低渣剂的熔点，以提高渣剂除 B 能力。在渣剂中加入 CaF₂，并没有提高 Li₂O-SiO₂ 渣剂的除 B 能力，如图 3-4 所示。根据 Viana 等人[18]的热力学计算结果表明：添加 CaF₂ 降低

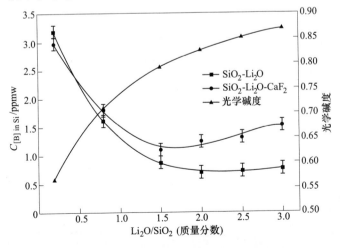

图 3-4 渣成分与光学碱度对除 B 的影响

了 SiO_2 活度。加入 CaF_2 所引入的 F^- 能够破坏 SiO_2 网络结构，使得桥氧键断开成自由氧离子，接着被钙离子捕获生产 CaO，使得渣剂碱度增加，降低了 SiO_2 活度，因此降低 Li_2O-SiO_2 渣的除 B 能力，其反应方程式如下：

$$SiO_2(l) + 2CaF_2(l) \longrightarrow 2CaO(l) + SiF_4(g) \tag{3-5}$$

图 3-5 所示不同的渣硅比对渣剂除 B 的影响。从图中可以发现，在渣硅比（η）小于 2 时，增加渣硅比，两种渣精炼硅中 B 的含量迅速降低；当 $\eta > 2$ 时，精炼硅中 B 的含量基本不变，这表明渣剂氧化除 B 能力已达极限。在采用渣剂成分为 60wt.%Li_2O-40wt.%SiO_2 时，当 $\eta = 3$ 工业硅中 B 的含量经一次造渣能从 8.6ppmw 降低到 0.4ppmw，此数值已非常接近于太阳能级硅对 B 杂质的浓度要求（0.3ppmw）[19]，经多次造渣精炼能进一步降低工业硅中 B 的含量[10]。在忽略造渣后硅和渣的质量损失的情况下，可将式（3-1）变形，可以得到式（3-6）：

$$C_{[B]} = \frac{C_{[B]_o} + \dfrac{m_{Slag}}{m_{Si}}C_{(B)_o}}{1 + \dfrac{m_{Slag}}{m_{Si}}L_B + \dfrac{m_{B_xO_y}}{m_{Si}C_{[B]}}} \tag{3-6}$$

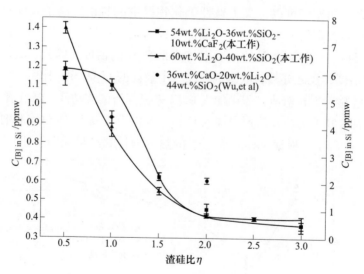

图 3-5　不同的渣硅比对渣除 B 能力的影响

假设渣硅比接近无穷大，且忽略 B 挥发的质量，则可以将上式变为：

$$C_{[B]} = \frac{C_{(B)_o}}{L_B} \tag{3-7}$$

从式（3-7）可以看出，精炼硅中 B 的含量和渣中初始 B 的含量有关，可见，选择渣剂时，应严格控制渣剂中 B 的含量。而增大渣硅比对分配比（L_B）的提高并无多大帮助[16]，却可能由于过多使用渣剂对原料硅造成二次污染，这并不是工业生产所愿意看到的。

3.3.2 Li₂O-SiO₂ 渣系的除硼机理

为了便于 B 产物的表征，所选用硅原料为硅硼合金（MG-Si-B）；渣剂为 60wt.%Li₂O-30wt.%SiO₂-CaF₂；渣硅比 η 为 1；熔炼时间为 0.5h；熔炼温度为 1700℃。经一次造渣精炼后，硅硼合金中 B 的浓度从 3.2wt.% 降低到 0.8wt.%，去除率达 75wt.%。图 3-6 为硅硼合金和精炼渣的 XRD 图。从图中可以看出，SiB₂ 相和 Li₄B₂O₅ 相分别发现于合金和渣剂中。普遍认为，B 的去除是通过氧化反应来实现[16,18,20]，如式（3-8）所示：

$$2[B](1) + \frac{3}{2}(SiO_2)(1) \longrightarrow (B_2O_3)(1) + \frac{3}{2}[Si](1)$$

$$\Delta G^{\ominus} = 92619 - 53.9T \text{ J/mol} \tag{3-8}$$

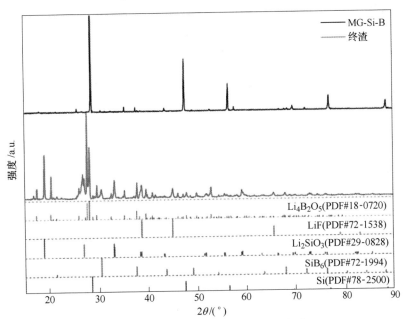

图 3-6　硅硼合金及其渣剂的 XRD 图谱

基于热力学原理，在温度低于 1798℃ 时，式（3-8）将不发生反应，而上述精炼是在 1700℃ 下完成的，可能是由于体系中加入了 Li₂O 改变了此方程的热力学表达式。加入的 Li₂O 可以和式（3-8）生成的 B₂O₃ 反应生成气态的 LiBO₂，如式（3-9）所示：

$$Li_2O + B_2O_3(1) \longrightarrow 2LiBO_2(g) \qquad \Delta G^{\ominus} = 390117 - 350.5T \text{ J/mol} \tag{3-9}$$

将式（3-8）和式（3-9）联立，可得：

$$2[B](l) + \frac{3}{2}(SiO_2)(l) + Li_2O(l) \longrightarrow 2LiBO_2(g) + \frac{3}{2}[Si](l)$$

$$\Delta G^{\ominus} = 482736 - 404.4T \text{ J/mol} \tag{3-10}$$

上述方程可以在1700℃发生反应，且B是以气态硼化物的形式挥发，这进一步地验证了图3-3所发现的B产物挥发现象。另外，Li_2O 和 B_2O_3 反应还可以生成 $Li_4B_2O_5$，其反应式表示如下：

$$2Li_2O(l) + B_2O_3(l) \longrightarrow Li_4B_2O_5(l) \tag{3-11}$$

此外，在造渣后的渣剂中还检测到了 LiF 和 Li_2SiO_3 相，其可能发生的反应分别如式（3-12）和式（3-13）所示：

$$Li_2O(l) + CaF_2(l) \longrightarrow 2LiF(l) + CaO(l) \tag{3-12}$$

$$Li_2O(l) + SiO_2(l) \longrightarrow Li_2SiO_3(l) \tag{3-13}$$

3.3.3 造渣除硼动力学

除硼效率对于工业生产降低成本十分关键，因此，计算B在反应过程中的质量传输系数对精炼过程控制具有指导意义。图3-7为一种可能的反应机制，包括质量传输过程和化学反应过程。根据双膜理论[21~23]，B的反应机制可以大致分为5个步骤：（1）B从硅相扩散到渣硅界面；（2）SiO_2 从渣相扩散到渣硅界面；（3）在渣硅界面处发生氧化还原反应；（4）生成B的氧化物从界面扩散到渣相后与渣剂反应生成液态的硼化物留在渣相中或者气态的硼化物挥发到空气中；（5）生成的硅从界面扩散到硅相中。在高温造渣过程中，步骤（3）可以看作是快速反应过程，因此，此步可以认为不是速率限制因素。而硅相和渣相为主要基

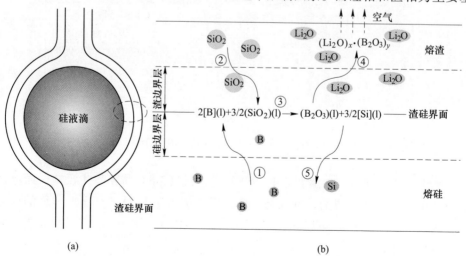

图3-7 硅液滴中B的去除机理（a）以及反应界面局部放大图（b）

体相，步骤（2）和步骤（5）也不是速率的限制因素。因此，影响除 B 的速率因素是由步骤（1）和步骤（4）来共同决定。

将硅相和渣相看作是成分均匀相，B 的浓度梯度只发生在渣硅界面附近的很小区域内，根据双膜理论[21~23]，B 的扩散通量可以表示为：

$$J_{[B]} = \frac{k_{[B]}L_B}{k_{[B]}/k_{(B)} + L_B}(C_{[B]} - C_{(B)}/L_B) \tag{3-14}$$

式中，$C_{[B]}$ 和 $C_{(B)}$ 分别为硅和渣中 B 的含量；$k_{[B]}$ 和 $k_{(B)}$ 分别为 B 在硅和渣中的质量传输系数；L_B 为 B 的分配比。

B 的扩散通量也可以表示为：

$$J_{[B]} = -\frac{V_m dC_{[B]}}{Sdt} = \frac{k_{[B]}L_B}{k_{[B]}/k_{(B)} + L_B}(C_{[B]} - C_{(B)}/L_B) \tag{3-15}$$

上式可以变为：

$$-\frac{dC_{[B]}}{dt} = \frac{k_{[B]}L_B}{k_{[B]}/k_{(B)} + L_B}\left(\frac{S}{V_m}\right)(C_{[B]} - C_{(B)}/L_B) \tag{3-16}$$

式中，S 和 V_m 分别为硅液滴的表面积和体积。将 $S = \pi d^2$，$V_m = \pi d^3/6$ 代入上式则有：

$$-\frac{dC_{[B]}}{dt} = \frac{k_{[B]}L_B}{k_{[B]}/k_{(B)} + L_B}\left(\frac{6}{d}\right)(C_{[B]} - C_{(B)}/L_B) \tag{3-17}$$

式中，d 为液滴的直径。将 B 的摩尔浓度（$C_{[B]}$）转换成质量分数（[%B]），则上式可以转换为：

$$-\frac{d[\%B]}{dt} = \frac{[\%B] - \dfrac{(\%B)}{L_B}}{\dfrac{1}{k_{(B)}L_B}\left(\dfrac{\rho_m}{\rho_s}\right)\left(\dfrac{M_{B_2O_3}}{M_B}\right) + \dfrac{1}{k_{[B]}}}\left(\frac{6}{d}\right) \tag{3-18}$$

式中，ρ_m 和 ρ_s 分别为硅熔体和渣熔体的密度；$M_{B_2O_3}$ 和 M_B 分别为氧化硼和硼的摩尔质量；（%B）和 [%B] 分别为氧化硼在渣中的含量和 B 在硅中的含量。假设硅熔体为无限稀溶液，则有：

$$[\%B]_o \approx \frac{(\%B)}{L_B} \tag{3-19}$$

并设 $k_\Sigma = \left[\dfrac{1}{k_{(B)}L_B}\left(\dfrac{\rho_m}{\rho_s}\right)\left(\dfrac{M_{B_2O_3}}{M_B}\right) + \dfrac{1}{k_{[B]}}\right]^{-1}$，则式（3-18）可以变为：

$$\ln\frac{[\%B] - [\%B]_e}{[\%B]_o - [\%B]_e} = -6\left(\frac{k_\Sigma}{d}\right)t \tag{3-20}$$

式中，$[\%B]_o$ 为初始硅中 B 的含量；$[\%B]_e$ 为平衡时硅中 B 的含量；k_Σ 为总的质量传输系数。

在造渣过程中，用刚玉管将熔体迅速取出并快速冷却（淬冷），其形貌图如图 3-8 所示。从图中可以看出硅液滴呈现圆形且大致可以归类为两种不同的尺寸，大液滴尺寸主要分布在 $100 \sim 300 \mu m$ 之间，而小液滴尺寸主要分布在 $10 \sim 100 \mu m$ 之间，经计算，其平均液滴尺寸大约为 $60 \mu m$。也就是说，硅液在渣液中通过球形界面进行质量传输的。

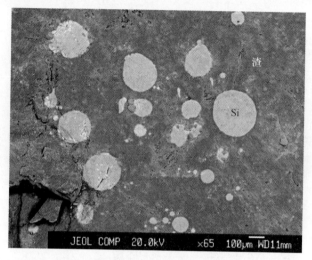

图 3-8　淬火后硅熔体的形貌

设 $f(\%B) = -10\ln \dfrac{[\%B] - [\%B]_e}{[\%B]_0 - [\%B]_e}$，则式（3-20）可以简化为：

$$f(\%B) = k_{\Sigma} t \qquad\qquad (3-21)$$

由式（3-21）可以看出，此线性关系的斜率即为总质量传输系数。将图 3-3 的数据代入并能得到函数 $f(\%B)$ 和时间 t 的线性关系，如图 3-9 所示。经线性拟合后得到 B 总的质量传输系数为 $2.3 \times 10^{-2} \mu m/s$；并且由函数 $f(\%B)$ 可知，总质量传输系数 k_{Σ} 和液滴尺寸成反比，液滴尺寸越小，总质量输出系数就越大，除 B 效率也相应地越高；因此，在造渣过程中适当的搅拌熔融液体能够得到较小的液滴尺寸，提高 B 的去除率。

3.3.4　造渣精炼与酸洗浸出协同除杂

由硅钙熔剂精炼合金相重构可知，B 杂质元素趋向均匀分布于硅基体中，只通过湿法提纯工艺并不能将其从工业硅基体中去除，必须通过改变 B 的富集状态再经酸浸或者将其直接从工业硅中去除。采用造渣精炼的方法直接将 B 氧化成硼化物，氧化产物——硼化物一部分以气态的形式挥发到空气中；另一部分以硼化物形式溶解在渣相中，通过分离渣相而去除。湿法提纯工艺能够将富集在工业硅

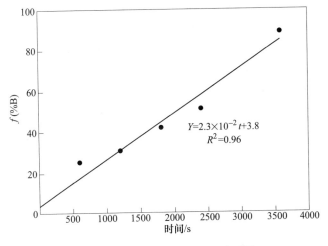

图 3-9 函数 f(%B) 与时间关系图

晶界处的沉积相去除。因此，将工业硅和造渣精炼硅 S-MG-Si（3#）进行酸浸处理以得到造渣精炼对湿法提纯除工业硅中杂质的影响。

图 3-10 为工业硅和 S-MG-Si（3#）经酸浸后的 ICP-MS 检测结果。对比图中数值可知，造渣精炼可作为工业硅酸洗前预处理工艺，因其对酸浸除工业硅中金属杂质具有促进作用，尤其是对 Al、Ni、Cu 等难溶解杂质。但从上述的造渣精炼结果可知，造渣处理具有很好的除 B 效果，对比酸浸前后造渣精炼硅中 B 的含量发现，B 含量基本保持不变，这说明湿法提纯工艺并不能够将 B、P 等非金属杂质进一步去除，而图 3-10 中，B、P 去除部分为造渣精炼工艺所贡献。工业硅经造渣精炼和湿法提纯联合工艺处理后，工业硅的纯度从 99.74% 上升到 99.995%，此纯度非常接近于太阳能级硅的纯度（99.999% ~ 99.9999%）[24]。

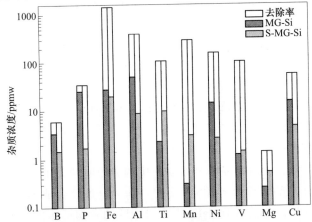

图 3-10 工业硅和造渣精炼硅（3#）酸浸前后杂质含量的变化图

3.4　Si-Al-Ca 熔剂强化 CaO-CaF$_2$ 造渣精炼除磷

3.4.1　工业硅合金造渣后形貌分析

通过相重构形成 CaAl$_2$Si$_2$ 相能够有效提高 Si-Al-Ca 熔剂精炼除工业硅中 P 杂质元素的能力，并且在熔剂精炼过程中，P 在 Si-Al-Ca 合金相中的活度系数比 P 在固体硅相中的活度系数大数十倍，根据 P 的造渣还原机理[25,26]，提高 P 在金属相中的活度系数能够增大 P 在渣相和金属相中的分配比（L_P），因此能够提高 P 的去除率。Ma 等人[27,28] 通过在造渣除 B 过程中加入 Sn 以提高 B 在合金相中的活度系数，最终在造渣除 B 过程中获得高达 200 的 B 分配比（L_B）。为了通过合金精炼有效去除磷杂质，采用 Si-Al-Ca 熔剂精炼技术强化造渣形成富磷合金相，最后通过酸洗回收低 P 含量的初晶硅。同时，选取 CaO-CaF$_2$ 渣剂，以保证除 P 效果与减少精炼过程中的大量氧化。

需要指出的是，不同的硅原料具有不同成分的沉积相，也就有不同的浸出行为。所采用工业硅（MG-Si）中主要杂质相是 Si-Fe 二元相，其他杂质相如 Si-Ti-Fe 相、Si-Al-Fe 相和 Si-V-Ti 相零星地镶嵌在 Si-Fe 主要杂质相中；另外，P 杂质均匀地分布于硅基体中，而在其他杂质相中并未检测到 P 的存在。然而，通过将工业硅进行 Si-Al-Ca 熔剂精炼，工业硅中的主要杂质相从 Si-Fe 相变成 Si-Al-Ca 相（CaAl$_2$Si$_2$），而其他杂质相如 Si-Al-Fe 相和 Si-Ti-V 相镶嵌在 CaAl$_2$Si$_2$ 主要杂质相中；并且 CaAl$_2$Si$_2$ 对 P 杂质具有极强的热力学亲和力，大量的 P 杂质倾向于溶解在 CaAl$_2$Si$_2$ 相中，而通过酸浸工艺将含 P 的 CaAl$_2$Si$_2$ 相去除得到低 P 含量的精炼硅。为了强化除 P 效果，联合 Si-Al-Ca 熔剂精炼和 CaO-CaF$_2$ 造渣（简称合金造渣）对工业硅进行高温精炼处理，最后通过酸浸回收工艺得到精炼后的初晶硅。

通过带有能谱仪（EDS）的电子探针（EPMA）分析了合金造渣后的工业硅表面形貌，其结果如图 3-11 所示。通过与只进行 Si-Al-Ca 熔剂精炼的表面形貌相比，工业硅经合金造渣后其表面主要杂质相除了有 Si-Al-Ca 相外，还有 Si-Ca 相，并且发现其他少量杂质相如 Si-Al-Fe-Ca 相和 Si-Ti-Fe-Mn 相只镶嵌在 Si-Al-Ca 相中。通过 EDS 成分分析，如图 3-11（b）所示，Si-Al-Ca 相和 Si-Ca 相的化学式应为 CaAl$_2$Si$_2$ 和 CaSi$_2$。

在研究 P 杂质元素在硅基体和杂质相中的分布时，为了利于 P 杂质元素的电镜表征，将掺有 P 的硅磷合金（SoG-Si-P）作为硅原料合成 Si-Al-Ca-P 合金。图 3-12 为 Si-Al-Ca-P 合金经 CaO-CaF$_2$ 造渣精炼后的表面形貌图。大量的 P 溶解在 CaAl$_2$Si$_2$ 相中[29~34]，而 CaSi$_2$ 相却未存在 P 杂质。然而，有些研究者[35,36]也报道

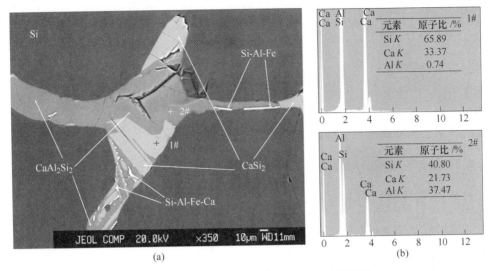

图 3-11 工业硅经合金造渣之后的表面形貌图

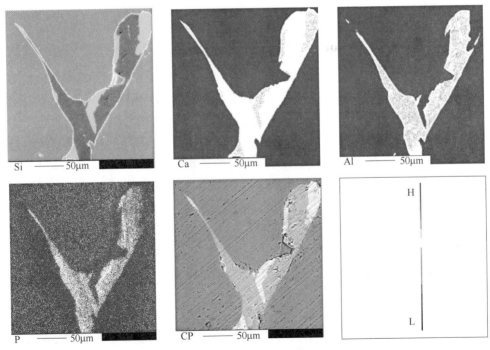

图 3-12 硅磷合金（SoG-Si）经合金造渣后的杂质表面分布图

了不一样的结果，Shimpo 等人[35]发现在 Si-Ca 熔剂精炼过程中，大量的 P 溶解在 CaSi₂ 相，并以 Ca₃P₂ 的形式存在，不过该 Si-Ca 熔剂精炼过程并未形成

$CaAl_2Si_2$ 相，也就并未将 $CaSi_2$ 相和 $CaAl_2Si_2$ 相对 P 的热力学亲和力进行比较。因此，通过上述分析可以推断，$CaAl_2Si_2$ 相比 $CaSi_2$ 相对 P 具有更强的热力学亲和力，即熔剂精炼过程中形成 $CaAl_2Si_2$ 相更有利于大量溶解 P 杂质。Meteleva-Fischer 等人[36]在 Si-Ca 熔剂精炼除 P 过程中也发现了一些奇特现象，与 CaAlSi 相和 $CaSi_2$ 相等杂质相相比，$FeSi_2Ti$ 相对 P 具有更强的热力学亲和力，但同时发现工业硅中的 $FeSi_2Ti$ 相并未存在 P 杂质，且作者对这一现象并未给出解释，因此，其结果的准确性也有待进一步确认。

3.4.2　渣与合金成分对湿法工艺除杂的影响

3.4.2.1　合金造渣对酸浸效果的影响

通过上述结果可知，大量的 P 杂质元素溶解在 $CaAl_2Si_2$ 相中，如果能将该杂质相从硅基体中去除，则能够获得低 P 含量的初晶硅。因此，有必要研究各杂质相在浸出剂中浸出行为。采用原位刻蚀技术，通过评价各杂质相对刻蚀剂的敏感度得到各杂质相在酸洗过程中的浸出行为，不同的是采用 $HCl+CH_3COOH$ 和 HCl+HF两步刻蚀，其结果如图 3-13 所示。在 2mol/L $HCl+CH_3COOH$ 刻蚀 2h 后，$CaAl_2Si_2$ 和 $CaSi_2$ 主要杂质相被腐蚀，如图 3-13（b）所示，但大部分其他含量小的杂质相未被腐蚀（灰白色），这一结果与相关报道相吻合[29,37,38]。然而，所有残留的杂质相都能被 2mol/L HCl+HF 溶解，如图 3-13（c）所示，表面杂质相被溶解后留下内腔。这一实验结果说明，通过 $HCl+CH_3COOH$ 和 HCl+HF 两步浸出能够将合金造渣后硅中的初晶硅相和合金相分离，得到低杂质含量的初晶硅。

将工业硅分别经造渣精炼、熔剂精炼和合金造渣预处理以验证不同的工业硅预处理工艺之间对酸浸除杂的影响。为了说明各预处理工艺对酸浸效果的影响，将工业硅直接进行相同工艺的酸浸实验以做对比，结果见表 3-2。从表中可以看出，工业硅直接进行酸洗能够大幅度降低除 P 以外的所有金属杂质，这表明工业硅不进行预处理，酸洗只能够有效去除工业硅中的金属杂质，这一结果与杂质的分布有关，金属杂质是以沉积相的形式存在于晶界中，酸洗时易于与浸出剂接触并被溶解；而 P 杂质均匀分布于硅基体中（溶解在硅晶格中），不易与浸出剂接触并被溶解[38~40]。与工业硅直接进行酸洗相比，工业硅经 CaO-CaF_2 造渣精炼预处理后酸洗并未提高除金属杂质的效果，但提高了除 P 的效果，P 含量从35ppmw 降低至 11ppmw，这一结果表明工业硅经渣剂精炼能够还原去除一部分 P 杂质[12,13,25,41]。与工业硅直接进行酸洗相比，工业硅经 Si-Al-Ca 熔剂精炼预处理后酸洗并未提高除金属杂质的效果，反而 Al 和 Ca 的含量大幅提高，但是具有显著的除 P 效率，P 的含量从 35ppmw 降低至 5.9ppmw，去除率超过 83%，这是因为大量的 P 溶解在 $CaAl_2Si_2$ 相中，如上节所述，而含量 P 的 $CaAl_2Si_2$ 相被

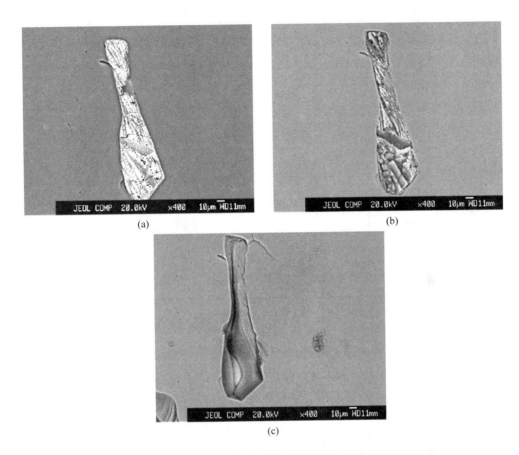

图 3-13　合金造渣工业硅在不同刻蚀剂下的表面形貌演变图
（a）刻蚀前；（b）2mol/L HCl+CH$_3$COOH 刻蚀后；（c）2mol/L HCl+HF 刻蚀后

酸洗去除而得到低 P 含量的初晶硅。Al 和 Ca 含量的增加是因为 Al 和 Ca 在硅中的溶解度较高的缘故[1]，但由于它们都具有较高的饱和蒸气压及较小的分凝系数，可以通过后续的真空精炼[42]和定向凝固[43,44]提纯工艺将它们去除。对比 Si-Al-Ca 熔剂精炼和 CaO-CaF$_2$ 造渣精炼两种工业硅预处理工艺对酸洗除工业硅杂质的影响，说明 Si-Al-Ca 熔剂精炼工艺更适合作为工业硅预处理工艺。然而，通过联合这两种工艺形成的合金造渣预处理技术具有更好的除 P 效果，见表 3-2，工业硅经合金造渣后酸洗能够将 P 杂质的含量从 35ppmw 降低至4.5ppmw，P 的去除率超过 87%，这说明联合熔剂精炼和造渣精炼形成的合金造渣处理工艺为最佳的工业硅预处理工艺。然而，至今未有相关文献报道合金造渣过程中 P 的去除机制。

表 3-2   工业硅及不同工艺处理下的精炼硅中代表性杂质的含量

杂质元素	杂质浓度/ppmw					分凝系数[1]
	硅基体	MG-Si	MG-Si-S①	MG-Si-A①	MG-Si-AS①	
P	35	21	11	5.9	4.5	0.35
Fe	1424	2.6	1.1	1.3	1.3	8.0×10^{-6}
Al	394	28	28	370	390	2.0×10^{-3}
Ca	39	0.84	40	47	30	$1.3 \times 10^{-4} \sim 5.2 \times 10^{-4}$
Ti	109	0.2	1.9	0.1	0.09	2.0×10^{-6}
Mn	289	0.64	0.22	0.16	0.17	1.3×10^{-5}
Ni	157	0.49	0.52	0.54	0.98	1.4×10^{-5}
Cu	56	0.46	0.15	0.11	0.07	4.0×10^{-4}
V	103	0.1	0.02	0.01	0.02	4.0×10^{-6}
Cr	4.1	0.14	<0.1	0.13	<0.1	1.1×10^{-5}
Mg	2.5	0.8	0.66	0.18	0.61	3.0×10^{-6}

① S—经造渣精炼；A—经合金精炼；AS—经合金造渣处理。

3.4.2.2   合金造渣中渣成分对酸浸除磷的影响

图 3-14 为工业硅合金造渣预处理中 CaO 渣剂的含量与酸洗除 P 效率的关系图。从图中可以看出，除 P 效率随着渣剂中 CaO 的含量增加先增大，然后当 CaO 含量超过 20at.% 时，除 P 效率基本保持不变。Shin and Park[26] 对 Si-Mn 合金在 CaO-CaF₂ 造渣精炼除 P 过程中也发现类似的现象，当渣剂中 CaO 的含量超过

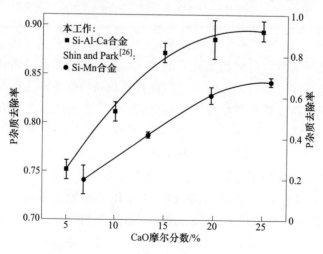

图 3-14   渣剂中 CaO 含量与 P 去除率的关系

20wt.%时，合金造渣的除 P 效率基本保持不变。Nassaralla 等人[41]发现 CaO-CaF₂ 渣剂对 Fe-C-P 合金的磷化能力在渣剂 CaO 的含量超过 24at.%基本保持不变。因此通过上述分析可以推断，除 P 是个还原过程。根据 P 的还原机理，P 被渣剂还原后以 P³⁻的形式进入渣相，其反应式如下[25,26]：

$$[P]_{Si-M} + \frac{3}{2}(O^{2-}) = (P^{3-}) + \frac{3}{4}O_2(g) \qquad (3-22)$$

其中，渣剂中的 O^{2-} 由 CaO 提供，而 CaO 含量的增加，O^2 的浓度也随之增加，式（3-22）的平衡向右方向移动，使得更多的 P 被还原成 P³⁻而进入渣相，相应地提高了 P 的去除率。而从 CaO-CaF₂ 相图可知[45]（图 3-15），当 CaO 的含量超过 20at.%时，渣剂中的 CaO 处于饱和状态，即 O^{2-} 的浓度保持不变，相应地渣剂对 P 的还原去除能力保持不变。

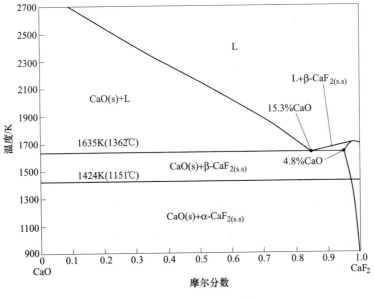

图 3-15　CaO-CaF₂ 相图[45]

3.4.2.3　合金造渣中合金成分对酸浸除磷的影响

图 3-16 为工业硅合金造渣预处理中硅含量与酸洗除 P 效率的关系图。从图中可以发现，除 P 效率随着硅含量的降低而增大，也就是随着 Al 和 Ca 金属吸杂剂的含量增大而增大，当合金中硅的含量占 70at.%时，P 的去除率达到了 98.1%。一方面，金属熔剂越多形成的合金相也越多，相应地溶解 P 的能力也就越强；另一方面，合金含量的增加可能提高了 P 在合金相中的活度系数，提高 P 在金属相中的活度系数从而增大 P 在渣相和金属中的分配比，因此能够提高 P 的去除率[27,28]。

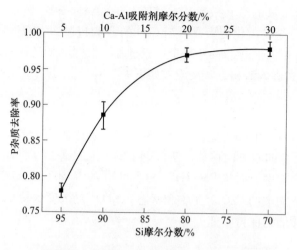

图 3-16 合金中硅含量与 P 去除率的关系

3.4.2.4 造渣精炼次数对酸浸除合金中磷杂质的影响

为了研究造渣精炼次数对酸浸除 Si-Al-Ca 合金中 P 杂质元素的影响，将第一次合金造渣后的 Si-Al-Ca 合金直接进行第二次造渣精炼（1500℃），其实验结果见表 3-3。工业硅经一次合金造渣处理后酸洗，工业硅中 P 杂质的含量从 35ppmw降低至 1ppmw，P 的去除率高达 97.1%，当经两次造渣精炼后的 Si-Al-Ca 合金经酸洗后 P 的含量降低至 0.5ppmw，非常接近于太阳能级硅对 P 含量 0.3ppmw 的要求[24]。然而，造渣精炼次数对金属杂质的含量影响并不明显，除 Al 和 Ca 之外的所有金属元素其含量都低于 1ppmw，已基本能满足太阳能级硅的要求[24]。

表 3-3 多次造渣精炼对酸洗除合金中 P 杂质的影响

精炼次数	初始合金	初　渣	两次精炼后工业硅中 P 含量/ppmw	P 去除率/%
第一次	80at.%Si-13.3at.%Al-6.7at.%Ca(7g)	20at.%CaO-CaF₂(14g)	1	97.1
第二次	第一次精炼后的合金（4g）	20at.%CaO-CaF₂(8g)	0.5	98.6

3.4.3 合金造渣除磷的规律

为了研究 CaO-CaF₂ 造渣精炼去除 Si-Al-Ca 合金中 P 杂质的机理，采用 X 射线光电子谱仪（XPS）分析 Si-Al-Ca 合金和渣剂中 P 化学态变化。为了便于表征和剔除其他杂质元素的干扰，采用太阳能级硅（SoG-Si）掺 P 处理形成的硅磷合

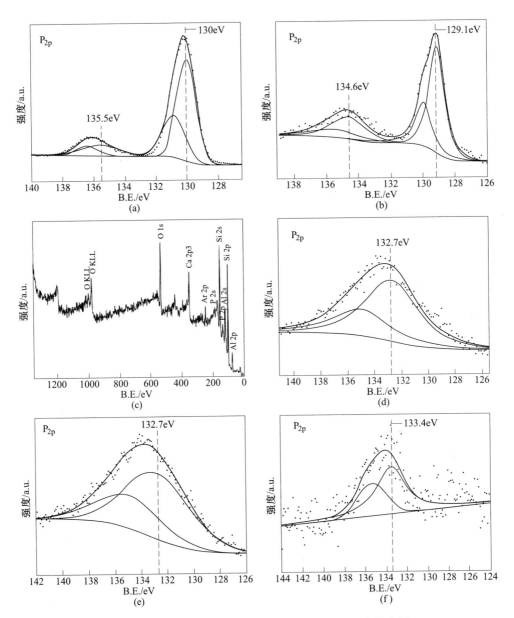

图 3-17　P 元素的高分辨 XPS 分析及 A-SoG-Si-P 全谱分析

（a）纯 P；（b）SoG-Si-P；（c）A-SoG-Si-P 全谱分析；（d）A-SoG-Si-P；

（e）AS-SoG-Si-P；（f）反应后的渣剂

金（SoG-Si-P），实验测试结果如图 3-17 所示。图 3-17（a）为纯 P 的 XPS 图谱，从图中可以看出，P_{2p} 线可以分卷积成两个主峰，峰位分别为 135.5eV 和 130eV，根据 XPS 谱峰手册[46]，前者为 P-O 化合物；而后者为纯 P。然而，SoG-Si 掺杂

P 形成 SoG-Si-P 后，其表面的 P_{2p} 线也可分卷积成两个主峰，分别为 134.6eV 和 129.1eV，如图 3-17（b）所示，与纯 P 相比，峰位都向低峰位偏移，说明掺杂过程中发生了电子转移；同样地，前者为 P 的氧化物[46]，而后者为 SiP[46,47]。将硅磷合金（SoG-Si-P）经与 Al 和 Ca 合金化后形成 Si-Al-Ca-P 合金，其表面全谱和表面 P 的化学态分析分别如图 3-17（c）和（d）所示。从图 3-17（d）可以看出，P_{2p} 谱峰成功拟合成一个峰，其峰位为 132.7eV，这一结果可以说明 Si-Al-Ca-P 合金表面的 P 只以一种磷酸盐的形式存在[46,48,49]。P 被氧化成磷酸盐存在两种可能：

第一种，P 在熔炼形成 SiAlCaP 合金过程中被氧化成磷酸盐；第二种，SiAlCaP 合金中的某种含 P 产物在合金化后被氧化成磷酸盐。然而，SiAlCaP 合金合成过程都在氩气气氛保护下进行，故前一种情况并不可能发生，而后一种情况更可能发生；另外，在 SiAlCaP 合金经还原性 $CaO\text{-}CaF_2$ 渣剂造渣精炼后，合金表面的 P 也以磷酸盐的形式存在，因此，可以推断 SiAlCaP 合金表面的含 P 产物在合金化或造渣精炼之后才被氧化。

在还原环境下，P 在反应界面被还原成 P^{3-} 而后进入渣相以磷化物的形式存在，而本实验采用 $CaO\text{-}CaF_2$ 还原性渣剂，P 的还原过程可以表示为[26,50]：

$$2(CaO) + [Si] === (SiO_2) + 2[Ca] \tag{3-23}$$
$$3[Ca] + 2[P] === (Ca_3P_2) \tag{3-24}$$

通过 XRD 检测到了渣剂中的 SiO_2，如图 3-18 所示，而 Ca_3P_2 由于其具有极强的活性，暴露在空气中，很容易与水蒸气和氧气反应[26,50,51]，其反应式如下：

$$Ca_3P_2(s) + 3H_2O(g) === 3CaO(s) + 2PH_3(g) \tag{3-25}$$
$$Ca_3P_2(s) + 6H_2O(g) === 3Ca(OH)_2(s) + 2PH_3(g) \tag{3-26}$$
$$Ca_3P_2(s) + 4O_2(g) === Ca_3(PO_4)_2(s) \tag{3-27}$$

根据热力学计算软件（HCS chemistry 6）的计算结果表明，这些反应的吉布斯自由能在常温下也具有极小的负值，因此，在制备样品时，不可避免与空气接触导致表面几纳米范围内的原子发生反应。因此，Si-Al-Ca-P 合金在造渣前后其表面的 P_{2p} 峰位都位于 132.7eV，如图 3-17（d）和（e）所示，且该峰位为 PO_4^{3-}[46,48]。但由于表面磷酸盐的含量较低，XRD 并没有能够检测到该相。如图 3-17（f）所示，合金造渣后渣剂表面的 P 的峰位位于 133.4eV，这峰位高于合金中的磷酸盐的峰位（图 3-17（e）），这表明渣剂中的 P 氧化状态高于合金中的 P，导致渣剂中的 P 存在于八面体环境中，而不像合金中的 P 存在于 PO_4^{3-} 的四面体环境中[48]。

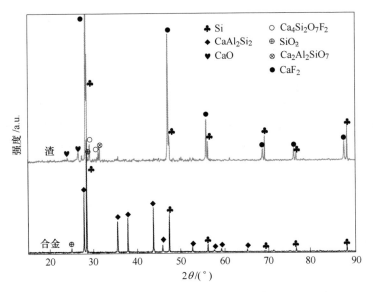

图 3-18 SiAlCaP 合金经造渣精炼后及其渣剂的 XRD 图

参 考 文 献

[1] Trumbore F A. Solid solubilities of impurity elements in germanium and silicon [J]. Bell System Technical Journal, 1960, 39 (1): 205-233.

[2] Safarian J, Tang K, Hildal K, Tranell G. Boron removal from silicon by humidified gases [J]. Metallurgical and Materials Transactions E, 2014, 1 (1): 41-47.

[3] Wu J J, Li Y, Ma W H, et al. Impurities removal from metallurgical grade silicon using gas blowing refining techniques [J]. Silicon, 2013: 1-7.

[4] Nakamura N, Baba H, Sakaguchi Y, Kato Y. Boron removal in molten silicon by a steam-added plasma melting method [J]. Materials transactions-JIM, 2004, 45 (3): 858-864.

[5] Alemany C, Trassy C, Pateyron B, et al. Refining of metallurgical-grade silicon by inductive plasma [J]. Solar Energy Materials and Solar Cells, 2002, 72 (1-4): 41-48.

[6] Ding Z, Ma W H, Wei K X, et al. Boron removal from metallurgical-grade silicon using lithium containing slag [J]. Journal of Non-Crystalline Solids, 2012, 358 (18-19): 2708-2712.

[7] Zhang L, Tan Y, Xu F, et al. Removal of boron from molten silicon using Na$_2$O-CaO-SiO$_2$ slags [J]. Separation Science and Technology, 2013, 48 (7): 1140-1144.

[8] Wu J J, Ma W H, Jia B, et al. Boron removal from metallurgical grade silicon using a CaO-Li$_2$O-SiO$_2$ molten slag refining technique [J]. Journal of Non-Crystalline Solids, 2012, 358 (23): 3079-3083.

[9] Wu J J, Li Y L, Ma W H, et al. Boron removal in purifying metallurgical grade silicon by CaO-

SiO₂ slag refining [J]. Transactions of Nonferrous Metals Society of China, 2014, 24 (4): 1231-1236.

[10] Fang M, Lu C H, Huang L Q, et al. Multiple slag operation on boron removal from metallurgical-grade silicon using Na₂O-SiO₂ slags [J]. Industrial & Engineering Chemistry Research, 2014, 53 (30): 12054-12062.

[11] Khattak C P, Joyce D B, Schmid F. A simple process to remove boron from metallurgical grade silicon [J]. Solar Energy Materials and Solar Cells, 2002, 74 (1-4): 77-89.

[12] Tabuchi S, Sano N. Thermodynamics of phosphate and phosphide in CaO-CaF₂ melts [J]. Metallurgical Transactions B, 1984, 15 (2): 351-356.

[13] Maramba B, Eric R H. Phosphide capacities of ferromanganese smelting slags [J]. Minerals Engineering, 2008, 21 (2): 132-137.

[14] Johnston M D, Barati M. Distribution of impurity elements in slag-silicon equilibria for oxidative refining of metallurgical silicon for solar cell applications [J]. Solar Energy Materials and Solar Cells, 2010, 94 (12): 2085-2090.

[15] Wu J J, Ma W H, Jia B J, et al. Boron removal from metallurgical grade silicon using a CaO-Li₂O-SiO₂ molten slag refining technique [J]. Journal of Non-Crystalline Solids, 2012, 358 (23): 3079-3083.

[16] Cai J, Li J, Chen W, et al. Boron removal from metallurgical silicon using CaO-SiO₂-CaF₂ slags [J]. Transactions of Nonferrous Metals Society of China, 2011, 21 (6): 1402-1406.

[17] Sommerville I D, Kay D A R. Activity determinations in the CaF₂-CaO-SiO₂ system at 1450℃ [J]. Metallurgical Transactions, 1971, 2 (6): 1727-1732.

[18] Viana Teixeira L A, Morita K. Removal of boron from molten silicon using CaO-SiO₂ based slags [J]. ISIJ International, 2009, 49 (6): 783-787.

[19] Fang M, Lu C H, Huang L Q, et al. Effect of calcium-based slag treatment on hydrometallurgical purification of metallurgical-grade silicon [J]. Industrial & Engineering Chemistry Research, 2013, 53 (22): 972-979.

[20] Wu J J, Li Y, Ma W H, et al. Boron removal in purifying metallurgical grade silicon by CaO-SiO₂ slag refining [J]. Transactions of nonferrous metals society of China, 2014, 24: 1231-1236.

[21] Krystad E, Tang K, Tranell G. The kinetics of boron transfer in slag refining of silicon [J]. Journal of the Minerals, 2012, 64 (8): 968-972.

[22] Krystad E, Zhang S S, Tranelll G. In The kinetics of boron removal during slag refining in the production of solar-grade silicon [R]. EPD Congress, 2012: 471-480.

[23] Wang J, Langemann H. Unsteady two-film model for mass transfer accompanied by chemical reaction [J]. Chemical Engineering Science, 1994, 49 (20): 3457-3463.

[24] Gribov B G, Zinov'ev K V. Preparation of high-purity silicon for solar cells [J]. Inorganic Materials, 2003, 39 (7): 653-662.

[25] Fujiwara H, Liang J Y, Takeuchi K, Ichise E. Reducing removal of phosphorous from calcium containing silicon alloys [J]. Materials Transactions, JIM, 1996, 37 (4): 923-926.

[26] Shin J H, Park J H. Thermodynamics of reducing refining of phosphorus from Si-Mn alloy using CaO-CaF$_2$ slag [J]. Metallurgical and Materials Transactions B, 2012, 43 (6): 1243-1246.

[27] Ma X D, Yoshikawa T, Morita K. Removal of boron from silicon-tin solvent by slag treatment [J]. Metallurgical and Materials Transactions B, 2013: 1-6.

[28] Ma X D, Yoshikawa T, Morita K. Purification of metallurgical grade Si combining Si-Sn solvent refining with slag treatment [J]. Separation and Purification Technology, 2014, 125: 264-268.

[29] Lai H X, Huang L Q, Lu C H, et al. Leaching behavior of impurities in Ca-alloyed metallurgical grade silicon [J]. Hydrometallurgy, 2015, 156: 173-181.

[30] Hu L, Wang Z, Gong X, et al. Purification of metallurgical-grade silicon by Sn-Si refining system with calcium addition [J]. Separation and Purification Technology, 2013, 118: 699-703.

[31] Anglezio J C, Servant C, Dubrous F. Characterization of metallurgical grade silicon [J]. Journal of Materials Research, 1990, 5 (9): 1894-1899.

[32] Sun L, Wang Z, Chen H, et al. Removal of phosphorus in silicon by the formation of CaAl$_2$Si$_2$ phase at the solidification interface [J]. Metallurgical and Materials Transactions B, 2016, 48 (1): 420-428.

[33] Ludwig T H, Schonhovd Dæhlen E, Schaffer P L, Arnberg L. The effect of Ca and P interaction on the Al-Si eutectic in a hypoeutectic Al-Si alloy [J]. Journal of Alloys and Compounds, 2014, 586: 180-190.

[34] Meteleva Fischer Y, Yang Y, Boom R, et al. Slag treatment followed by acid leaching as a route to solar-grade silicon [J]. Journal of the Minerals, 2012, 64 (8): 957-967.

[35] Shimpo T, Yoshikawa T, Morita K. Thermodynamic study of the effect of calcium on removal of phosphorus from silicon by acid leaching treatment [J]. Metallurgical and Materials Transactions B, 2004, 35 (2): 277-284.

[36] Meteleva Fischer Y, Yongxiang Y, Rob B, et al. Microstructure of metallurgical grade silicon and its acid leaching behaviour by alloying with calcium [J]. Mineral Processing and Extractive Metallurgy, 2013, 122: 229-237.

[37] Margarido F, Figueiredo M O, Queiroz A M, Martins J P. Acid leaching of alloys within the quaternary system Fe-Si-Ca-Al [J]. Industrial & Engineering Chemistry Research, 1997, 36 (12): 5291-5295.

[38] Fang M, Lu C H, Huang L Q, et al. Effect of calcium-based slag treatment on hydrometallurgical purification of metallurgical-grade silicon [J]. Industrial & Engineering Chemistry Research, 2014, 53 (2): 972-979.

[39] Lai H X, Huang L Q, Gan C H, et al. Enhanced acid leaching of metallurgical grade silicon in hydrofluoric acid containing hydrogen peroxide as oxidizing agent [J]. Hydrometallurgy, 2016, 164: 103-110.

[40] He F L, Zheng S S, Chen C. The effect of calcium oxide addition on the removal of metal impurities from metallurgical-grade silicon by acid leaching [J]. Metallurgical and Materials Transactions B, 2012, 43 (5): 1011-1018.

［41］ Nassaralla C, Fruehan R J, Min D J. A thermodynamic study of dephosphorization using BaO-BaF₂, CaO-CaF₂, and BaO-CaO-CaF₂ systems ［J］. Metallurgical Transactions B, 1991, 22 (1): 33-38.

［42］ Jiang D C, Tan Y, Shi S, et al. Evaporated metal aluminium and calcium removal from directionally solidified silicon for solar cell by electron beam candle melting ［J］. Vacuum, 2012, 86 (10): 1417-1422.

［43］ Gan C H, Zeng X, Fang M, et al. Effect of calcium-oxide on the removal of calcium during industrial directional solidification of upgraded metallurgical-grade silicon ［J］. Journal of Crystal Growth, 2015, 426: 202-207.

［44］ Martorano M A, Neto J B F, Oliveira T S, Tsubaki T O. Refining of metallurgical silicon by directional solidification ［J］. Materials Science and Engineering: B, 2011, 176 (3): 217-226.

［45］ Kim D G, Van Ende M A, van Hoek C, et al. A critical evaluation and thermodynamic optimization of the CaO-CaF₂ system ［J］. Metallurgical and Materials Transactions B, 2012, 43 (6): 1315-1325.

［46］ Moulder J F, Stickle W F, Sobol P E, Bomben K D. Handbook of X-ray photoelectron spectroscopy ［J］. Physical Electronics, Inc. , 1992: 58-59.

［47］ Bertrand P A. XPS study of chemically etched GaAs and InP ［J］. Journal of vacuum science and technology, 1981, 1 (18): 28-33.

［48］ Zheng R, Lin L, Xie J, et al. State of doped phosphorus and its influence on the physicochemical and photocatalytic properties of P-doped titania ［J］. The Journal of Physical Chemistry C, 2008, 112 (39): 15502-15509.

［49］ Li H, Li H, Dai W L, et al. XPS studies on surface electronic characteristics of Ni-B and Ni-P amorphous alloy and its correlation to their catalytic properties ［J］. Applied Surface Science, 1999, 152 (1): 25-34.

［50］ Shin J H, Park J H. Effect of atmosphere and slag composition on the evolution of PH₃ gas during cooling of reducing dephosphorization slags ［J］. ISIJ International, 2013, 53 (3): 385-390.

［51］ Chen P X, Zhang G H, Chu S J. Study on reaction mechanism of reducing dephosphorization of Fe-Ni-Si Melt by CaO-CaF₂ slag ［J］. Metallurgical and Materials Transactions B, 2016, 47 (1): 16-18.

4 硅铜合金熔剂强化造渣精炼除杂技术

4.1 引言

晶硅中的杂质是影响太阳能电池的光电转换效率的关键因素之一[1]。由于杂质硼和磷是太阳能级硅中的掺杂元素，所以为了提高晶硅电池的光电转换效率，需要严格控制太阳能级硅中的杂质 B、P 的含量[2]。在典型的冶金法路线中，工业硅中的金属杂质可通过定向凝固、酸洗等工艺去除；非金属杂质 B、P 则主要通过造渣精炼、电子束熔炼等工艺去除[3]。

合金精炼可以通过改变工业硅中杂质的分凝行为改变杂质的分布位置。将合金精炼与造渣精炼相结合，可降低工业硅中杂质的分凝系数，使之富集在合金相中，再进行后续的造渣精炼等工艺，可以大大提高杂质的去除效率。Ma 等人[4]研究了 Si-Sn 合金精炼与 $CaO-SiO_2-CaF_2$ 造渣精炼的结合工艺对工业硅中杂质 B 的去除效果，发现杂质 B 在合金相和渣相间的分配系数是随着合金中 Sn 含量的增加而增加，提纯后硅中的 B 含量可低至 0.3ppmw[5]。Li 等人[6]采用 Si-Cu 合金精炼与 $CaO-SiO_2-Na_2O-Al_2O_3$ 造渣精炼对工业硅进行提纯，发现渣剂的碱度和氧势均会影响杂质 B、P 在合金相和渣相间的分配系数；在最佳条件下，杂质 B、P 的分配系数分别可达 47 和 1.1。Krystad 等人[7]研究了 Si-Fe 合金精炼与 $CaO-SiO_2$ 造渣精炼对工业硅中杂质 B 的去除机理后发现，杂质 B 在合金相和渣相间的平衡分配系数主要取决于合金的成分。Shin 等人[8]研究了 Si-Mn 合金精炼与 $CaO-CaF_2$ 造渣精炼对合金中杂质 P 热力学行为的影响。结果表明，渣剂的除 P 能力与渣剂中 CaO 的含量成正比。这些学者的研究工作论证了合金精炼与造渣精炼组合工艺具有增强工业硅中杂质去除效率的潜力。但是，对于该组合工艺实施过程中的杂质迁移规律及物相转变等却鲜有报道。

4.2 Si-Cu 合金熔剂强化造渣工艺

4.2.1 Si-Cu 合金熔剂精炼

首先，将破碎后的工业硅块与铜粉按不同比例混合均匀，之后将其混合物置于刚玉坩埚中，混合物质量约为 100g，通过高温立式管式炉制备出三种成分的硅铜合金。根据 Si-Cu 二元相图，实验选择 Si-30wt.%Cu，Si-50wt.%Cu 和 Si-70wt.%Cu 三种成分合金进行研究，如图 4-1 所示。

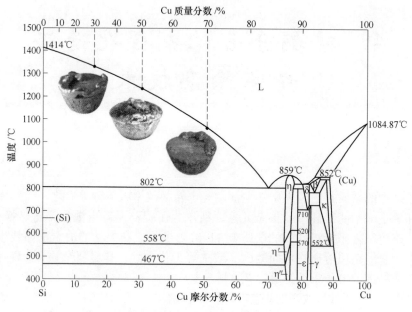

图 4-1　Si-Cu 合金相图及样品照片

4.2.2　Si-Cu 合金熔剂强化 CaO-SiO$_2$-CaCl$_2$ 造渣精炼

Si-Cu 合金强化造渣精炼的实验工艺流程如图 4-2 所示。

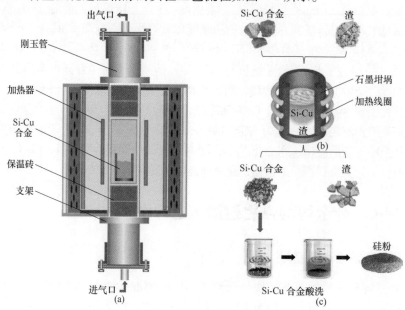

图 4-2　工业硅提纯工艺流程图

（a）制备 Si-Cu 合金；（b）合金造渣精炼；（c）对造渣精炼后的合金进行酸洗

　　造渣使用 CaO-SiO₂-CaCl₂ 渣剂，根据图 4-3 所示的 CaO-SiO₂-CaCl₂ 三元相图，渣剂的具体成分配比见表 4-1。

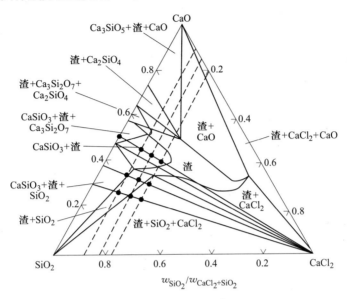

图 4-3　CaO-SiO₂-CaCl₂ 相图在 1350℃ 时的等温截面[9]

表 4-1　所使用的渣剂和合金成分

序号	初渣成分/wt. %			终渣成分/wt. %			合金成分 /wt. %（Cu）
	CaO	SiO₂	CaCl₂	CaO	SiO₂	CaCl₂	
1	30	60	10	34.9	56.5	8.6	50
2	40	50	10	42.6	48.1	9.3	50
3	45	45	10	47.9	43.2	8.9	50
4	49.1	40.9	10	53.7	39.1	7.2	50
5	52.5	37.5	10	56.8	34.3	8.9	50
6	55.4	34.6	10	59.2	32.3	8.5	50
7	60	30	10	63.2	29.1	7.7	50
8	50	50	0	48.2	51.8	0	50
9	47.5	47.5	5	45.8	49.9	4.3	50
10	45	45	10	49.5	42.3	8.2	50
11	40	40	20	45.4	38.7	15.9	50
12	35	35	30	41.3	37.5	21.2	50
13	45	45	10	47.1	43.7	9.2	0
14	45	45	10	48.2	43.3	8.5	30
15	45	45	10	42.8	47.8	9.4	50
16	45	45	10	45.3	45.9	8.8	70

硅铜合金制备在高温立式管式炉中完成，其具体熔炼过程参数：在氩气保护气氛下，以 5℃/min 的速度加热到 1550℃，保温 2h 后以 5℃/min 的速度冷却至室温。之后，将 50g 制备的硅铜合金进行破碎后倒入高纯石墨坩埚中，在小型中频感应熔炼炉中进行造渣精炼。熔液温度由手持红外控温仪进行测试，其精度为±20℃；熔炼开始后坩埚内温度迅速升至 1550℃，待合金熔化后，加入配好的 50g 渣剂，保温 30min，后迅速取出坩埚倒入另一石墨坩埚中，待其冷却后取出样品，并进行渣硅分离，将与渣剂分离的合金进行清洗后干燥。最后，将造渣后的合金样品进行破碎酸洗。每次取 10g 的合金粉末置于聚四氟乙烯烧杯中，加入100mL 的去离子水，水浴温度为 70℃，并配合磁力搅拌，搅拌速度为 500r/min，持续 8h。本实验采用三步酸洗：（1）2mol HNO_3，酸洗 5h；（2）2mol HNO_3 和1mol HF 的混合酸液，酸洗 2h；（3）1mol HNO_3，酸洗 1h。每个酸洗步骤结束后，将固体通过离心进行分离，再进行下一步酸洗。酸洗结束后，将溶液中剩余固体进行离心分离后用去离子水清洗，重复多次直至溶液 pH 值接近 7。以 Si-50wt.% Cu 合金为例，每次酸洗后的硅的收率为 47.5%，意味着约有 2.5% 的硅在酸洗过程中损耗。

采用 ICP-AES 测试合金样品中的杂质含量，采用德国布鲁克科学仪器公司（简称 Bruker）研制的 X 射线荧光仪（X-ray fluorescence，XRF，型号：S8 Tiger）检查精炼前后渣剂的成分，使用 XRD 测试不同成分硅铜合金的物相，通过 SEM-EDS 及 EPMA 测试合金造渣前后的微观形貌及元素分布。

4.3 Si-Cu 合金熔剂强化造渣精炼及杂质选择性去除

4.3.1 Si-Cu 合金形貌分析

图 4-4 为 Si-50wt.%Cu 合金的 XRD 谱图及元素分布图。由图 4-4（a）中可知，Si-Cu 合金中主要存在两个相，且存在明显的相界面。通过 XRD 分析发现，该合金主要存在 Si、Cu_3Si 和少量的 Cu 三种物相。选取工业硅中的重点非金属杂质（B 和 P）和金属杂质（Fe、Al 和 Ca）进行分析。对该区域进行 EPMA 面扫描可发现，Fe、Al、Ca 和 P 几种杂质元素均趋于聚集在合金相中；B 元素由于含量低及检测极限的限制，在该区域的分布规律并不明显，但还是可以判断出 B 相对聚集在合金相中。通过此现象可推断，Si-Cu 合金精炼有助于降低硅中 B、P、Fe、Al 和 Ca 几种杂质的分凝系数，并使杂质沉积在合金相中。

4.3.2 Si-Cu 合金造渣精炼及酸洗过程

采用了 TG-DSC 表征 Si-Cu 合金精炼过程中的物相变化，如图 4-5 所示。图

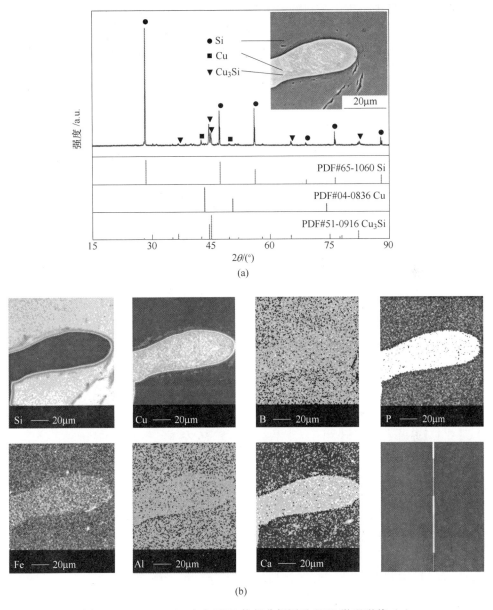

图 4-4　Si-50wt.%Cu 合金 XRD 物相分析图及 SEM 微观形貌（a）
及 Si-50wt.%Cu 合金中的 EPMA 面扫描元素分布图（b）

4-5（a）中，Si-Cu 合金在加热到 806.6℃和 857.8℃时出现了两个明显的吸热峰，这与 Si-Cu 合金二元相图中的共晶反应温度十分接近。由此推断，Si-Cu 合金在这个温度下发生了共晶反应，并生成 Cu_3Si 合金相。当 Si-50wt.%Cu 合金和 CaO-SiO_2 渣剂精炼时，出现了较多吸热峰。该样品在 400.7℃、514.3℃和

669.6℃几个温度下出现的吸热峰主要归因于渣剂发生的固相反应；在807.8℃和858.9℃时出现了微弱的吸热峰，说明在渣剂的作用下，合金的固相反应受到了一定程度的影响。

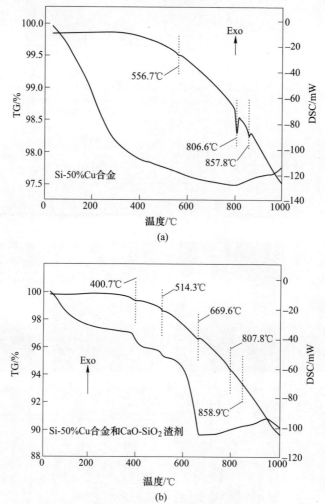

图 4-5 Si-50wt.%Cu 合金（a）及 Si-50wt.%Cu 合金和
50wt.%CaO-50wt.%SiO₂ 渣剂（b）的 TG-DSC 曲线

图 4-6 为 Si-50wt.%Cu 合金在与 45wt.%CaO-45wt.%SiO₂-10wt.%CaCl₂ 渣剂精炼后的凝固分离过程及合金与渣剂的界面情况。由图 4-6（a）可知，造渣后的渣剂与合金能够很好地分离，有利于合金样品的收集。由图 4-6（b）可见，渣剂和合金之间存在约 40μm 的间隙，渣剂呈现典型的条状硅酸钙形貌。值得注意的是，硅中的铜出现了析出现象。这是由于造渣后熔体快速冷却，导致了铜在硅中溶解度降低。

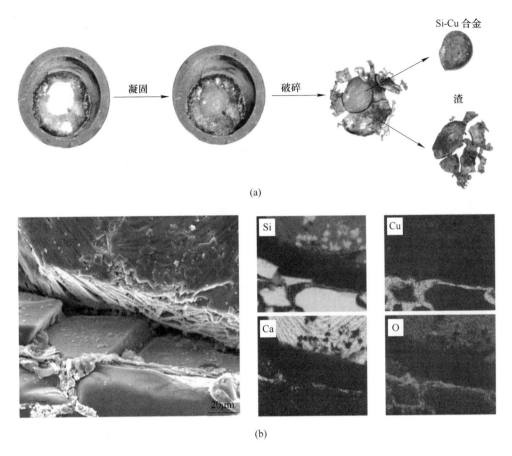

图 4-6　Si-50wt.%Cu 合金在与 45wt.%CaO-45wt.%SiO$_2$-10wt.%CaCl$_2$ 渣剂精炼后的凝固
分离过程（a）以及渣剂和合金的界面微观形貌图（b）

为了探索造渣后元素在合金相中的分布情况，使用 EPMA-Mapping 对合金相进行了初步测试，测试结果如图 4-7 所示。在造渣后 Si-50wt.%Cu 合金相中，B相对集中于合金相中，P、Fe、Ca 明显聚集在合金相中，而 Al 则均匀地分布在硅中。对比图 4-4 中的元素分布，可以发现 Al 在造渣精炼前后的分布明显不同，而其余元素则无明显变化。由于 Al 的分凝系数大于 Fe 和 Ca，在缓慢冷却的条件下，Al 可以在局部平衡的状态下聚集在液相中，并最终沉积在合金相里。但是当熔体快速凝固时，硅中大部分的 Al 没有足够的时间扩散到液相中，因此造成了 Si-Cu 合金中的 Al 在造渣后聚集在硅相的现象。综上所述，大部分杂质在合金造渣精炼后仍聚集在 Si-Cu 合金相中，这就为后续的酸洗选择性分离提供了有利条件。

将 Si-50wt.%Cu 合金造渣前后的样品分别进行研磨，并筛选出粒径低于

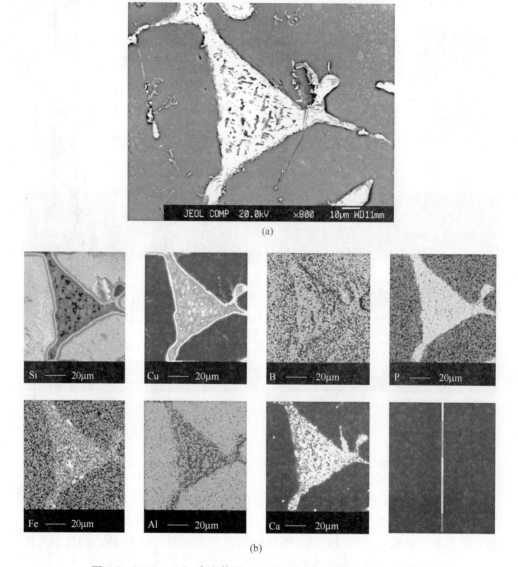

图 4-7　Si-50wt.%Cu 合金使用 45wt.%CaO-45wt.%SiO$_2$-10wt.%CaCl$_2$
渣剂造渣后的微观形貌（a）和元素分布（b）

150μm 的合金粉末。如图 4-8（a）所示，Si-50wt.%Cu 合金使用 45wt.%CaO-45wt.%SiO$_2$-10wt.%CaCl$_2$ 造渣前的合金颗粒中的 Cu$_3$Si 相紧密嵌在 Si 相中。如图 4-8（b）所示，Si-50wt.%Cu 合金造渣后的合金颗粒出现了几个变化：一是 Cu$_3$Si 相的形貌发生了变化；二是渣硅两相界面出现了较大的缝隙；三是 Si 相中出现了较多晶界。如图 4-8（c）所示，当造渣后的粉末使用 HNO$_3$+ HF 混合酸进行酸洗时，可以发现合金相由块状变成颗粒状，并从 Si 相中剥离。如图 4-8（d）所示，三步酸洗结束后，Si-Cu 合金相消失，仅剩下 Si。由此推测，由于造渣精炼的凝固速度很快，Si-Cu 合金中的 Si 和 Cu$_3$Si 的体积变化存在较大差异，两相间出现较大内应力，导致了 Si 相中出现更多的晶界及两相间的间隙变大。此外，使用三步酸洗的方法可以有效去除 Cu$_3$Si 合金相，得到提纯后的硅。

图 4-8　Si-50wt.%Cu 合金样品的微观形貌

（a）处理前；（b）45wt.%CaO-45wt.%SiO$_2$-10wt.%CaCl$_2$ 造渣后；

（c）HNO$_3$+ HF 酸洗后；（d）三步酸洗结束后

4.4　Si-Cu 合金熔剂强化 CaO-SiO$_2$-CaCl$_2$ 造渣熔炼除杂规律

4.4.1　造渣熔炼时间对除杂效果的影响

选择 Si-50wt.%Cu 合金和 45wt.%CaO-45wt.%SiO$_2$-10wt.%CaCl$_2$ 渣剂精炼，分析硅铜合金熔剂强化钙系渣剂去除 B、P 杂质效果。如图 4-9 所示，合金中的杂质 B、P 含量随着熔炼时间的延长而降低，渣中的 B、P 杂质含量随着熔炼时间的延长而增加。当熔炼时间达到 30min 后，合金和渣剂中的杂质含量几乎不变。由此可知，该体系的反应在 30min 后达到平衡状态。继续延长时间，对除 B 除 P 的效果影响不大。

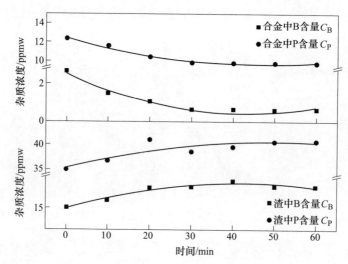

图 4-9   熔炼时间对 Si-50wt.%Cu 合金中杂质 B、P 含量的影响

4.4.2   渣剂碱度及活性成分对除杂效果的影响

渣剂中碱性氧化物比例越高，则碱度越大。改变钙系渣剂中的 CaO/SiO_2 质量比与 Si-50wt.%Cu 合金造渣精炼，则会影响除 B、P 的效果。当渣剂中的 $CaCl_2$ 含量固定在 10wt.%，渣剂中的 CaO/SiO_2 质量比从 0.5 到 2.0 时，Si-50wt.%Cu 合金中的 B、P 含量变化如图 4-10 所示。由图可知，渣剂的光学碱度随 CaO/SiO_2 质量比的增大而增加，Si-50wt.%Cu 合金中的 B 含量先减小后增加，当最终的 CaO/SiO_2 比值为 1.1 时达到最小值 0.6ppmw。据文献报道[6]，B 的去除效果和渣剂的氧势及碱度有关。在碱度小的情况下，氧势对于 B 的氧化去除起到了重要作用；而当碱度过大时，碱度对 B 的影响会强于氧势，并减弱渣剂对合金中 B 的氧化作用。Si-50wt.%Cu 合金中的 P 含量的变化趋势与 B 相反。随着 CaO/SiO_2 质量比增大，合金中的 P 含量先增加后降低，当最终的 CaO/SiO_2 比值为 1.66 时达到最大值 11.2ppmw。根据 Jung 等人[10]的报道，硅中的 P 会在造渣过程中扩散到渣硅界面，并与渣中的 Ca 进行反应生成 Ca 的化合物；因此，渣剂的碱度会通过影响 P 的活度系数而影响它的去除率。综合以上几个因素，选择初始 CaO/SiO_2 比值为 1.0 的渣剂来进行杂质 B、P 的去除，可以为 B、P 杂质的去除提供理论和工艺依据。

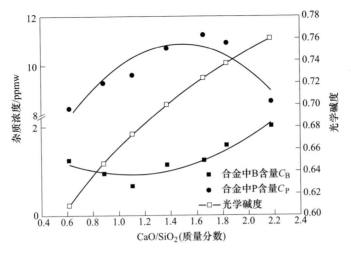

图 4-10 Si-50wt.%Cu 合金造渣精炼后的杂质 B、P 含量随渣剂碱度的变化趋势

有些渣剂在造渣精炼时往往黏度偏大而影响杂质迁移的传输速率，通常在造渣剂中添加一定量的助熔剂作为活性成分，不仅能够降低渣剂的熔炼温度，还能够在造渣精炼过程中有效降低溶液的黏度、提高流动性，从而缩短了反应时间[11,12]。因此，选择 $CaCl_2$ 作为渣剂的活性成分，并测试不含 $CaCl_2$ 的渣剂（50wt.%CaO-50wt.%SiO₂）和含有 $CaCl_2$ 的渣剂（45wt.%CaO-45wt.%SiO₂-10wt.%CaCl₂）分别与 Si-50wt.%Cu 合金进行造渣精炼的对比实验。

图 4-11 所示为使用不含 $CaCl_2$ 的渣剂进行造渣精炼后的 Si-50wt.%Cu 合金和渣剂的形貌。如图可知，抛光后的 Si-50wt.%Cu 合金表面平整，通过 EDS 面扫描发现杂质 Ca、Fe 聚集在 Cu_3Si 相中。该现象与前文的 EPMA 面扫描结果一致，而在渣剂中的残留合金相也出现同样的杂质分布。

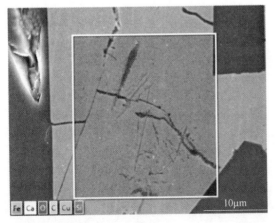

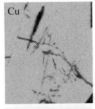
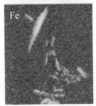
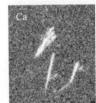

(a)

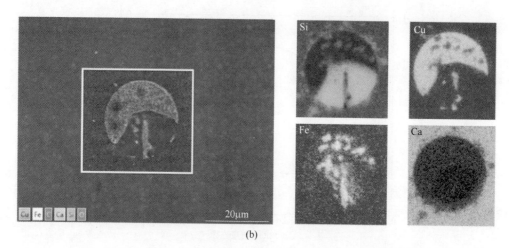

图 4-11　合金造渣精炼后的样品 SEM-EDS 谱图

（a）Si-50wt.%Cu 合金；（b）50wt.%CaO-50wt.%SiO$_2$ 渣剂

　　当在渣剂中加入 10wt.%CaCl$_2$ 添加剂时，Si-50wt.%合金造渣精炼后的微观形貌如图 4-12 所示。从图 4-12（a）可看出，造渣精炼后 Si-50wt.%Cu 合金抛光后的表面有层片状撕裂现象，对此撕裂部分进行 EDS 能谱分析发现其 Cl 含量较其他区域高；从图 4-12（b）可发现，造渣精炼后的渣剂表面覆盖大小不一的圆形斑点。将高能电子束聚焦于渣剂表面的斑点时，随着样品表面温度升高，斑点从渣剂表面剥离。对剥离的斑点及未覆盖斑点的区域分别进行 EDS 能谱分析，发现斑点的 Cl 含量较未覆盖斑点的区域高。该现象说明 CaCl$_2$ 的添加有助于提高熔体的流动性，并在凝固后均匀分布于合金及渣剂中。在合金造渣精炼的过程中，合金与渣剂之间的界面张力对熔炼的效果有很大的影响。当界面张力小时，合金熔体容易延展铺开，弥散分布在渣剂中，从而增加了合金与渣剂的接触面积提高反应效率，但是也可能会造成合金收率下降；当界面张力大时，合金与渣剂的接

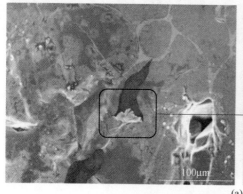
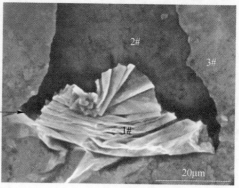

（a）

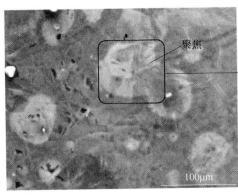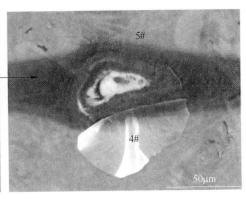

(b)

图 4-12 Si-50wt.%Cu 合金和 45wt.%CaO-45wt.%SiO$_2$-10wt.%CaCl$_2$ 造渣后的 SEM 微观形貌图

(a) 合金；(b) 渣剂

触面积小，使得合金造渣精炼的反应效率低下。由此可推测，CaCl$_2$ 的添加能够有效降低合金与渣剂的界面张力，提高渣剂的流动性，这有利于加快杂质与渣剂的反应速率。此外，由于 CaCl$_2$ 具有水溶性，因此它的存在并不会对最终样品造成污染，也不会降低合金的最终收率。

表 4-2 造渣精炼后的样品 EDS 能谱分析

取点	主要元素/at.%				
	Si	Cu	Ca	O	Cl
1#	11.68	2.24	10.48	40.31	24.28
2#	90.21	—	0.22	3.53	0.62
3#	84.07	0.48	0.57	8.44	1.24
4#	25.92	—	25.29	39.09	7.36
5#	23.03		16.87	53.65	6.45

注："—"表示含量低于 EDS 检测极限。

不同 CaCl$_2$ 含量对 Si-50wt.%Cu 合金中的杂质 B、P 的去除效果，如图 4-13 所示。样品 ICP-AES 测试结果表明，当造渣后的 CaCl$_2$ 的含量为 4.3% 时，Si-50wt.%Cu 合金中的 B 含量达到最低值 0.6ppmw；当造渣后的 CaCl$_2$ 的含量为 8.2% 时，Si-50wt.%Cu 合金中的 B 含量达到最低值 9.2ppmw。当 CaCl$_2$ 含量高于这两个值时，B、P 杂质在合金中的含量明显上升。可以看出，初始 10% 的 CaCl$_2$ 含量为最佳添加量。

在造渣精炼的过程中，Si-Cu 合金中的杂质去除是一个复杂的过程，它的主要机理是氧化反应[13]。当含有氧化性的渣剂进入到熔融的 Si-Cu 合金中时，合金

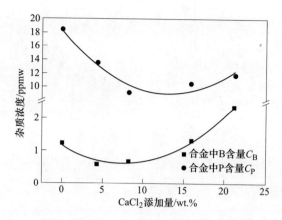

图 4-13   不同 CaCl$_2$ 添加量对 Si-50wt.%Cu 合金的 B、P 杂质去除效果的影响

中的部分杂质 B、P 将会在合金与渣剂接触的界面处被氧化，并以氧化物（B$_2$O$_3$ 和 P$_2$O$_5$）的形式转移到渣相中，氧化物在渣相中与其余成分进一步反应，总反应过程的化学反应式如下所示：

$$[B] + \frac{3}{4}SiO_2(l) + \frac{3}{2}O^{2-} = BO_3^{3-} + \frac{3}{4}Si(l) \tag{4-1}$$

$$[P] + \frac{5}{4}SiO_2(l) + \frac{3}{2}O^{2-} = PO_4^{3-} + \frac{5}{4}Si(l) \tag{4-2}$$

渣剂中添加 CaCl$_2$ 时，渣剂中的硼化物和磷化物会被进一步氯化，产生的氯氧化物部分留在渣剂中或挥发逸出[14,15]。因此，杂质 B、P 在 Si-Cu 合金造渣过程中主要通过渣剂的氧化反应和氯化反应的协同作用得以去除。渣剂去除杂质 B、P 的能力与多个因素有关，可分别用式（4-3）和式（4-4）表达：

$$C_{BO_3^{3-}} = \frac{(\text{mass pct } BO_3^{3-})}{a_B p_{O_2}^{3/4}} = \frac{K_1 a_{O^{2-}}^{3/2}}{f_{BO_3^{3-}}} \tag{4-3}$$

$$C_{PO_4^{3-}} = \frac{(\text{mass pct } PO_4^{3-})}{a_P p_{O_2}^{5/4}} = \frac{K_2 a_{O^{2-}}^{3/2}}{f_{PO_4^{3-}}} \tag{4-4}$$

式中，K 为反应平衡常数；a 为活度；p_{O_2} 为氧分压；$f_{BO_3^{3-}}$ 为硼氧化物的活度系数；$f_{PO_4^{3-}}$ 为磷氧化物的活度系数。

由式（4-3）和式（4-4）可知，由于渣剂的氧势是由合金与渣剂界面处的 Si/SiO$_2$ 平衡反应所决定，当渣剂的氧势越高时，硼氧化物和磷氧化物的活度系数降低，这有利于杂质的去除。当渣剂的总量不变时，提高渣剂中 CaCl$_2$ 的添加量，会相应减小 CaO 和 SiO$_2$ 的含量；过量的 CaCl$_2$ 会和 SiO$_2$ 反应，改变了渣剂的碱度，进而阻碍了杂质 B、P 在界面处的氧化反应。因此，过量的 CaCl$_2$ 不利于 B、P 杂质的去除。结合测试结果及上述分析，45wt.%CaO-45wt.%SiO₂-10wt.%CaCl₂ 为最佳的渣剂成分。

4.4.3　合金成分对除杂效果的影响

选择 Si-30wt.%Cu、Si-50wt.%Cu 和 Si-70wt.%Cu 三种合金，分别与 45wt.%CaO-45wt.%SiO₂-10wt.%CaCl₂ 渣剂进行强化造渣精炼。通过 ICP-AES 测试发现（表4-3），三种成分的合金经过熔炼后杂质 B、P 的含量略有差别。这可能是由以下三个原因导致的：一是由于铜粉中含有微量的杂质 B、P，不同的合金成分配比会引起熔炼后合金中的杂质含量差异；二是每次合金熔炼的操作条件也存在一定的差别；三是 ICP-AES 测试过程也存在一定的误差。

表 4-3　工业硅、铜粉和硅铜合金中的 B、P 杂质含量

杂质	MG-Si	Cu	Si-30wt.%Cu	Si-50wt.%Cu	Si-70wt.%Cu
B	3.1	2.1	2.9	2.7	2.6
P	17.1	8.9	12.6	12.3	11.4

对 Si-30wt.%Cu、Si-50wt.%Cu 和 Si-70wt.%Cu 三种成分的合金，其物相分析如图 4-14 所示。由图可知，三种合金的成分均存在 Si、Cu 和 Cu₃Si 三种物相。随着 Si-Cu 合金中 Cu 含量的增加，可以发现 Cu₃Si 的特征峰强度随之增加，Si 的特征峰强度随之减弱。这说明了 Si-Cu 合金中的 Cu 含量增高会引起 Cu₃Si 相含量的增加和 Si 相含量的减低。

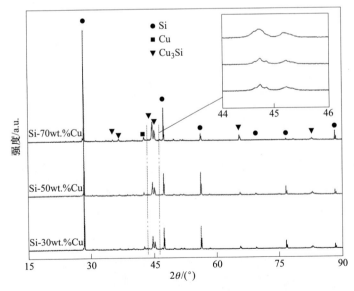

图 4-14　不同 Cu 含量的 Si-Cu 合金的 XRD 谱图

对 Si-30%Cu、Si-50%Cu 和 Si-70%Cu 三种合金分别与 45wt.%CaO-45wt.% SiO$_2$-10wt.%CaCl$_2$ 渣剂精炼前后的微观形貌进行对比。由图 4-15 可发现，Si-Cu

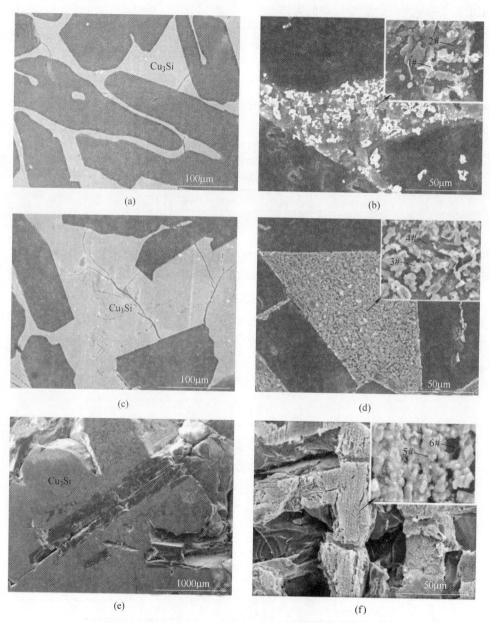

图 4-15　Si-30%Cu、Si-50%Cu、Si-70%Cu 合金分别与
45wt.%CaO-45wt.%SiO$_2$-10wt.%CaCl$_2$ 渣剂精炼前后的 SEM 图
（a）（c）（e）精炼前；（b）（d）（f）精炼后

合金在造渣精炼前后的微观形貌发生了明显的变化。造渣精炼前，Si-Cu 合金中的 Cu_3Si 相含量随着 Si-Cu 合金中 Cu 含量的增加而增加，与 XRD 物相分析（图 4-14）的结论一致。造渣精炼后，Cu 含量高的 Si-Cu 合金中有明显的颗粒析出现象。结合 EDS 能谱分析发现（表 4-4），Si-Cu 合金析出部分的 Cu 含量较高，而 Cl 含量较低。造成该现象的原因可能有两方面。一方面是 Cu 在 Si 中的溶解度很小，当凝固速度过快时，Si-Cu 合金中的 Cu 会发现析出现象，该现象随着合金中 Cu 含量的增加而加剧。另一方面，Si-Cu 合金与 45wt.%CaO-45wt.%SiO₂-10wt.% CaCl₂ 渣剂进行精炼后有较多的 Cl 覆盖于合金表面（图 4-12）可知，而 Cl 的存在将改变 Cu 的析出电位，从而对 Cu 的析出造成了一定的影响[16]。因此，造渣精炼后的 Si-Cu 合金中将有明显的 Cu 颗粒析出现象，而 Cu 可以和 HNO₃ 进行反应，从而有利于后续酸洗反应的进行。

表 4-4 Si-Cu 合金相的 EDS 能谱分析

取点	主要元素/at.%				
	Si	Cu	Ca	O	Cl
1#	15.10	38.14	—	43.27	—
2#	19.84	29.70	—	46.77	0.34
3#	16.91	49.01	0.37	32.95	0.77
4#	20.75	35.78	0.32	42.03	1.12
5#	4.79	86.06	—	9.15	—
6#	96.13	1.39	—	2.48	—

注："—"表示含量低于 EDS 检测极限。

不同 Cu 含量的 Si-Cu 合金与 45wt.%CaO-45wt.%SiO₂-10wt.%CaCl₂ 渣剂精炼后 Si-Cu 合金中杂质 B、P 的去除效果，如图 4-16 所示。由图 4-16（a）可知，未进行 Cu 合金化的 MG-Si 进行造渣精炼后，硅中的剩余 B、P 杂质含量分别为 1.0ppmw 和 13.6ppmw。Cu 合金化的 MG-Si 进行造渣精炼后，Si-Cu 合金中的剩余杂质 B、P 的含量随着合金中 Cu 含量的增加而减少。由 Hall 和 Visnovec 等人[17,18]的研究结果可知，Si 中的杂质 B、P 含量会随着 Cu 合金精炼而降低，这是因为 Cu 的引入会导致杂质 B、P 的不稳定。由此可知，通过 Cu 合金化对工业硅中杂质 B、P 分凝行为等性质的改变加速其在渣剂与合金的界面处的氧化反应，并最终转移进入渣相中。

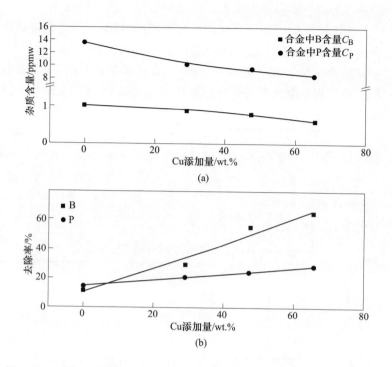

图 4-16　不同 Cu 含量的 Si-Cu 合金与 45wt.%CaO-45wt.%SiO$_2$-10wt.%CaCl$_2$
渣剂精炼后合金中的剩余 B、P 杂质含量（a）以及造渣后的
Si-Cu 合金酸洗后的杂质 B、P 的去除率（b）

　　基于前文的分析及图 4-7 所示，造渣后的 Si-Cu 合金中剩余杂质 B、P 趋于聚集在 Si-Cu 合金相中。因此，选择酸洗来去除 Si-Cu 合金相，进一步去除造渣精炼后的合金中的杂质 B、P，并获得提纯后的高纯硅。使用三步酸洗前后的 Si-Cu 合金中杂质 B、P 的含量来计算造渣精炼后的 Si-Cu 合金的酸洗浸出率，浸出率的计算如式（4-5）所示：

$$R = \left(1 - \frac{\text{提纯 Si 中剩余杂质浓度}}{\text{造渣后的 Si-Cu 合金中杂质浓度}}\right) \times 100\% \qquad (4-5)$$

　　由图 4-16（b）可知，造渣精炼后的 MG-Si 进行三步酸洗后，硅中的杂质 B、P 的去除率分别为 12% 和 15%。造渣精炼后的 Si-Cu 合金进行酸洗后，Si-Cu 合金中的 B、P 杂质去除率随着合金中 Cu 含量的增加而上升。当 Si-70wt.%Cu 合金与 45wt.%CaO-45wt.%SiO$_2$-10wt.%CaCl$_2$ 进行造渣后，合金中的 B、P 杂质去除率分别可达 64% 和 28%。考虑到精炼硅的产率，选择 Si-50wt.%Cu 作为最佳的合金成分。该实验说明了 Si-Cu 合金在造渣精炼的过程中，一部分杂质 B、P 会进入到渣相中，而一部分杂质 B、P 会溶解在 Si-Cu 合金相中。因此，Si-Cu 合金精炼和造渣精炼的组合工艺有利于强化工业硅中杂质 B、P 的去除效果。

根据上述确定的最佳实验参数对工业硅中杂质 B、P 的最终去除效率进行计算。可知，当 Si-50wt.%Cu 合金与 45wt.%CaO-45wt.%SiO$_2$-10wt.%CaCl$_2$ 渣剂在 1550℃ 在空气中精炼 30min 后，MG-Si 中的杂质 B 的去除率从 72% 提升至 89%，MG-Si 中的杂质 P 的去除率从 33% 提升至 58%，具有很好的除硼除磷效果。

4.4.4 Si-Cu 合金造渣精炼除杂机理

基于前文分析及图 4-9 可知，Si-Cu 合金中的 B、P 杂质在造渣精炼的熔炼时间为 30min 时达到平衡状态。Si-Cu 合金中的 B、P 杂质的含量变化可用于计算其在造渣精炼过程中的反应速率。假如该反应为一级反应时，其反应速率可通过式 (4-6) 进行计算：

$$r = \frac{-\mathrm{d}[C]}{\mathrm{d}t} = k[C] \tag{4-6}$$

对式 (4-6) 进行积分可获得如下表达式：

$$\ln \frac{[C]_\mathrm{o}}{[C]} = kt \tag{4-7}$$

式中，k 为一级反应的反应常数；C 为杂质在 Si-Cu 合金熔体中的即时含量；t 为不同的熔炼时间；C_o 为初始杂质含量；$[C]$ 和 (C) 分别为 Si-Cu 合金和渣剂中杂质的含量。

根据式 (4-7) 可知，当 Si-Cu 合金中的杂质 B、P 在造渣精炼的过程中是一级反应时，$\ln(C_\mathrm{o}/C)$ 与 t 的比值是固定值 k。将图 4-9 的数据代入式 (4-7) 可得图 4-17。对图 4-17 中的数据进行线性拟合后，可知杂质 B、P 的反应常数分别为 $7.52 \times 10^{-4}\mathrm{s}^{-1}$ 和 $1.32 \times 10^{-4}\mathrm{s}^{-1}$，相关系数分别为 0.9905 和 0.9912。根据拟合的结果可知，Si-Cu 合金中杂质 B、P 造渣精炼过程中反应属于一级反应。

总的来说，在高温熔炼过程中发生的化学反应速度很快，故化学反应不可能是杂质在熔炼过程中的控制步骤。此外，在中频感应熔炼的搅拌作用下，杂质在合金中的扩散速度较其在渣相中快。基于以上分析，可推测 Si-Cu 合金中的杂质 B、P 在造渣精炼的过程中主要是受到渣相中的质量传输所控制。总的质量传输系数可通过合金和渣剂中的 B、P 杂质含量计算而得。在造渣精炼的过程中，当合金和渣剂中的 B、P 杂质含量不再变化时，说明了反应达到了平衡状态。杂质的摩尔通量可表达如下：

$$n = \frac{\mathrm{d}m}{\mathrm{d}t \, 100 \, A m_\mathrm{s}} \tag{4-8}$$

式 (4-8) 可改写成式 (4-9)：

$$n = \frac{\rho k_\mathrm{t}}{100M}\left([C]_\mathrm{o} - \frac{(C)\gamma_i}{K_i f_i}\right) \tag{4-9}$$

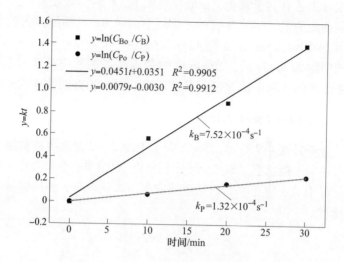

图 4-17 $\ln(C_{io}/C_i)$ 和反应时间 t 的关系

总的平衡常数 K_i 可通过下式表达：

$$K_i = \frac{(C)\gamma_B}{[C]f_B} \qquad (4-10)$$

杂质在渣剂和合金中的分配系数 L_i 可表达成：

$$L_i = \frac{(C)_i}{[C]_i} \qquad (4-11)$$

总的质量传输系数和反应时间的关系如下：

$$\frac{m}{\rho A \left(1 + \dfrac{m}{L_i m_s}\right)} \ln \frac{[C] - [C]_e}{[C]_o - [C]_e} = -k_i t \qquad (4-12)$$

式中，m 为 Si-Cu 合金的质量；m_s 为渣剂的质量；ρ 为 Si-Cu 合金的密度；A 为合金和渣剂的界面面积；C_e 为平衡时的杂质质量。

式（4-12）可简写成下式：

$$Y\ln Z = -K_i t \qquad (4-13)$$

根据式（4-13）可知，当质量传输是反应的控制步骤时，[$Y\ln Z$] 与 t 的比值是固定值。将图 4-9 的数据代入式（4-13）可得图 4-18。通过线性拟合可得，杂质 B、P 的质量传输系数分别为 6.25×10^{-4} cm/s 和 2.55×10^{-4} cm/s，相关系数分别为 0.9981 和 0.9112。

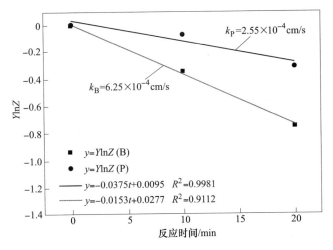

图 4-18　$Y\ln Z$ 和反应时间 t 的关系

参 考 文 献

［1］ Hopkins R H, Rohatgi A. Impurity effects in silicon for high efficiency solar cells ［J］. Journal of Crystal Growth, 1986, 75（1）: 67-79.

［2］ Kim J M, Kim Y K. Growth and characterization of 240kg multicrystalline silicon ingot grown by directional solidification ［J］. Solar Energy Materials and Solar Cells, 2004, 81（2）: 217-224.

［3］ Sakiotis N G. Role of impurities in silicon solar cell performance ［J］. Solar Cells, 1982, 7（1）: 87-96.

［4］ Ma X, Yoshikawa T, Morita K. Removal of boron from silicon-tin solvent by slag treatment ［J］. Metallurgical and Materials Transactions B, 2013, 44（3）: 528-533.

［5］ Ma X, Yoshikawa T, Morita K. Purification of metallurgical grade Si combining Si-Sn solvent refining with slag treatment ［J］. Separation and Purification Technology, 2014（125）: 264-268.

［6］ Li M, Utigard T, Barati M. Removal of boron and phosphorus from silicon using CaO-SiO_2-Na_2O-Al_2O_3 flux ［J］. Metallurgical and Materials Transactions B, 2014, 45（1）: 221-228.

［7］ Krystad E, Jakobsson L K, Tang K, et al. Thermodynamic behavior and mass transfer kinetics of boron between ferrosilicon and CaO-SiO_2 slag ［J］. Metallurgical and Materials Transactions B, 2017, 48（4）: 1-9.

［8］ Shin J H, Park J H. Thermodynamics of reducing refining of phosphorus from Si-Mn alloy using CaO-CaF_2 slag ［J］. Metallurgical and Materials Transactions B, 2012, 43（6）: 1243-1246.

［9］ Engh T. Principles of Metal Refining ［M］. Oxford: Oxford University Press, 1992.

［10］ Jung E J, Moon B M, Min D J. Quantitative evaluation for effective removal of phosphorus for SoG-Si ［J］. Solar Energy Materials and Solar Cells, 2011, 95（7）: 1779-1784.

［11］ Park J, Min D, Song H. The effect of CaF_2 on the viscosities and structures of CaO-SiO_2

(-MgO)-CaF$_2$ slags [J]. Metallurgical and Materials Transactions B, 2002, 33 (5): 723-729.

[12] Wang Y, Morita K. Measurement of the phase diagram of the SiO$_2$-CaCl$_2$ system and liquid area study of the SiO$_2$-CaO-CaCl$_2$ System [J]. Metallurgical and Materials Transactions B, 2016, 47 (3): 1542-1547.

[13] Suzuku K, Sugiyama T, Takano K. Thermodynamics for removal of boron from metallurgical silicon by flux treatment [J]. Journal of The Japan Insititute of Metals, 1990, 54 (2): 168-172.

[14] Wang Y, Ma X, Morita K. Evaporation removal of boron from metallurgical-grade silicon using CaO-CaCl$_2$-SiO$_2$ slag [J]. Metallurgical and Materials Transactions B, 2014, 45 (2): 334-337.

[15] Lu C, Huang L, Lai H, et al. Effects of slag refining on boron removal from metallurgical-grade silicon using recycled slag with active component [J]. Separation Science and Technology, 2015, 50 (17): 2759-2766.

[16] Guo H, Chen Y, Ping H, et al. Facile synthesis of Cu and Cu@Cu-Ni nanocubes and nanowires in hydrophobic solution in the presence of nickel and chloride ions [J]. Nanoscale, 2013, 5 (6): 2394-2402.

[17] Hall R N, Racette J H. Diffusion and solubility of copper in extrinsic and intrinsic germanium, silicon, and gallium arsenide [J]. Journal of Applied Physics, 1964, 35 (2): 379-397.

[18] Visnovec K, Variawa C, Utigard T, et al. Elimination of impurities from the surface of silicon using hydrochloric and nitric acid [J]. Materials Science in Semiconductor Processing, 2013, 16 (1): 106-111.

5 硅铜合金相选择性分离技术

5.1 引言

工业硅（MG-Si）中杂质的富集状态是决定其后续除杂工艺效率的关键因素[1]。非金属杂质（B和P）的分凝系数较大，主要以取代硅原子和填充硅原子间隙的形式，聚集在硅晶粒中，难以通过酸洗的方式得以去除[2,3]。因此，造渣精炼主要是利用渣剂的氧化作用来去除 MG-Si 中的杂质 B[4,5]，真空精炼主要是利用 P 杂质的高饱和蒸气压来去除 MG-Si 中的杂质 P[6,7]。然而，这些方法对设备的要求高、能耗大。金属杂质（Fe、Al、Ca 等）的分凝系数较小，主要以颗粒团和富集带的形式聚集在 MG-Si 的晶界中，其中主要化合物相是 Si-Fe 相和 Si-Fe-Al 相，还有部分 Si-Fe-Al-M(Ca/Mn/Ti/Ni) 相、Fe-Si-M(Ti/Mn) 相和 Al-Si-V-Mn 相[8,9]。酸洗的方法可以有效去除硅中的金属杂质，是冶金法制备太阳能级多晶硅的常用工艺技术[10]。该方法具有设备简单、能耗低、可在常温下规模化操作等优点[11]。该方法通常采用逐级浸出方式，一般可以使冶金级硅纯度达到 3N 以上。从本质上说，酸洗主要是利用了大部分金属杂质具有较小分凝系数的特性，借助于富集杂质相的溶解使得剩余的硅晶体得到了提纯。但是，对于分凝系数较大的杂质 B、P，酸洗法的提纯效果有限，效率较低。

近年来，多位学者报道了合金酸洗的方法可以有效提纯 MG-Si。首先，通过合金精炼改变 MG-Si 中杂质的分凝行为。然后，通过酸洗去除 Si 基合金中的合金相，最终得到提纯后的高纯硅[12,13]。熔剂金属一般具有两个特点：一是合金熔点低，二是杂质在合金中的分凝系数低。适用于合金酸洗的溶剂金属有铝（Al）、铁（Fe）、锡（Sn）、铜（Cu）、镓（Ga）、锰（Mn）等[14-19]。例如，Shimpo 等人[20]制备了 Si-P-Ca 合金并进行王水酸洗，当合金中 Ca 的含量为 5.17at.%时，P 的去除率达到 80%。据 Yoshikawa 等人[21]报道，添加有少量 Ti 的 Si-Al 合金通过混合酸（HCl+HNO₃+H₂SO₄）的处理后可有效去除 B 杂质。Margarido 等人[22]采用两步酸洗法来去除 Si-Fe 合金中的杂质 Fe、Al 和 Ca。首先，使用 HCl 进行一次浸出，之后使用 HCl+FeCl₃·H₂O 进行二次浸出。Visnovec 等人[23]先使用重力分离法对 Si-Cu 合金进行硅相和合金相的初步分离，再使用混合酸（HNO₃+HCl）对硅相进行提纯，该方法可将硅中的杂质从 5277ppmw 降至 225.5ppmw。基于以上研究结果可知，合金精炼与酸洗浸出结合可以有效去除合金相，并获得纯化后的硅相。Si-Cu 合金精炼的方法可以用来改变硅中杂质的富集状态，基于以下考虑：

首先，Si-Cu 合金精炼的方法可以有效降低 B、P 杂质的分凝系数，从而使其在凝固后趋于聚集在 Si-Cu 合金相中[24]。因此，可尝试通过酸洗的方法去除合金相，从而得到提纯后的硅。

其次，利用 Si-Cu 合金中 Si 与 Cu_3Si 的密度差异、熔点差异等特点使用重力分离和定向凝固等方法，对其进行初步分离[25~27]。Si-Cu 合金精炼有利于与后续工艺进行配合，有效提高杂质的去除效率。

再者，Si-Cu 合金中的主要物相为 Si 和 Cu_3Si。Cu_3Si 和 Si 的体积差别大，合金相需要的形核功很大，故 Si 先形成缺陷后，Cu 在晶格缺陷处聚集，当达到相变条件时，即转变为合金相[28]。由于体积差产生的内应力导致合金中存在大量缺陷，故 Si-Cu 合金易于破碎，并存在自然粉化的趋势，有利于酸洗的进行。

5.2 Si-Cu 合金酸洗浸出工艺

5.2.1 Si-Cu 合金原位腐蚀测试

使用工业硅和铜粉为原料制备了 Si-50wt.%Cu 合金，三者的杂质含量见表 5-1。所使用的铜粉（粒径：74~106μm）和酸剂（HCl、HNO₃ 和 HF）均来自国药化学试剂有限公司。Si-50wt.%Cu 合金的制备过程如图 5-1（a）所示。首先，将 MG-Si 颗粒（粒径<1mm）与铜粉进行混合（质量比：MG-Si/Cu = 1∶1；总质量：约 100g），置于立式管式炉中在氩气保护下以 5℃/min 的速度升至 1550℃，保温 2h 后以 5℃/min 的速度降至室温。使用的立式管式炉通过 WRe5-WRe26 热电偶进行控温，温差控制在±10℃。获得制备完成的 Si-Cu 合金后，对原料进行破碎后，将硅块进行镶嵌后抛光至呈镜面效果。对腐蚀前后的表面形貌分别进行测试，探索不同处理条件下的物相变化及腐蚀效果。

表 5-1 本实验中使用的材料的主要杂质含量 （ppmw）

样品	B	P	Fe	Al	Ca	Ti	Mn	Ni
MG-Si	3.1	17.1	10.7	100.8	29.9	88.1	5.7	14.9
Cu	2.1	8.9	13.9	19.0	1014.1	11.2	1.0	3.0
Si-50wt.%Cu	2.7	12.3	10.8	113.1	258.1	45.8	4.9	6.3

5.2.2 Si-Cu 合金相酸洗浸出工艺

制备的 Si-50wt.%Cu 合金经过破碎和研磨后，对合金颗粒进行多级筛选，最终获得五种粒径的颗粒：0~74μm、74~106μm、106~149μm、149~178μm 和>178μm。

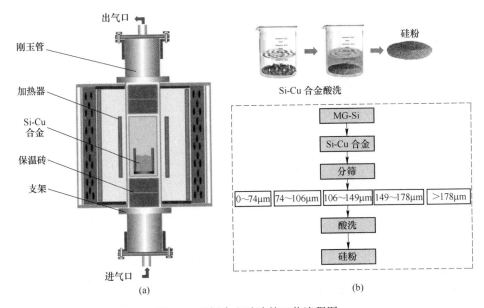

图 5-1 硅铜合金酸洗的工艺流程图

（a）Si-50wt.%Cu 合金的制备；（b）合金酸洗流程

Si-50wt.%Cu 合金的酸洗过程如 5-1（b）所示。每次称取 10g 合金颗粒置于特氟龙烧杯中，固液比为 1∶10，依次进行三步酸洗：

步骤一：2mol/L HCl/HNO$_3$/王水，5h；

步骤二：2mol/L HNO$_3$+ 微量 HF，2h；

步骤三：1mol/L HNO$_3$，1h。

采用 ICP-AES 测试 Si-Cu 合金样品中的杂质含量，使用 XRD 测试不同成分 Si-Cu 合金的物相，通过 SEM-EDS 及 EPMA 测试合金的微观形貌及元素分布。

5.3 硅及 Si-Cu 合金中硼磷杂质分布

5.3.1 工业硅中杂质相形貌及分布

据 Santos 等人[11]的研究报道，MG-Si 的成分会对酸洗过程中杂质的浸出效果产生影响。由表 5-1 可知，MG-Si 中的 B、P 杂质含量分别为 3.12ppmw 和 17.14ppmw。由于原料及制备过程中的诸多因素，Si-50wt.%Cu 合金中杂质 B、P 的含量经检测分别为 2.7ppmw 和 12.3ppmw。图 5-2 为 MG-Si 的微观形貌及 EPMA 元素分布图。由图可知，Si-Fe 相为主要的沉淀相，其中至少存在 5 种不同成分的杂质相；MG-Si 中的杂质 B、P 趋于分布在沉淀相中，但是它们的分凝效果并不明显。

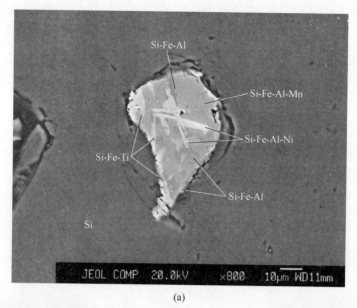

(a)

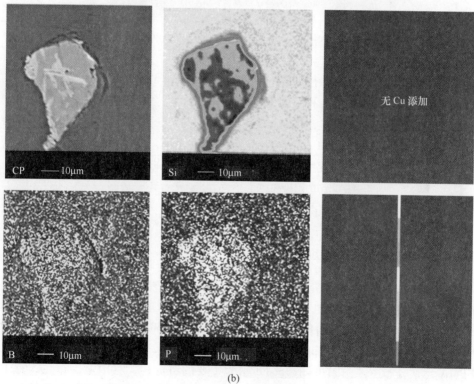

(b)

图 5-2　MG-Si 的微观形貌及 EPMA 元素分布图

5.3.2　硅铜合金形貌分析及杂质分布

图 5-3 为 Si-50wt.%Cu 合金的微观形貌及 EPMA 元素分布图。由图可知，杂

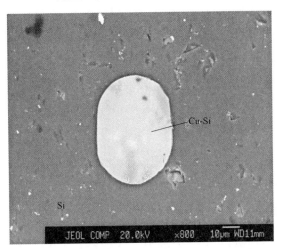

(a)

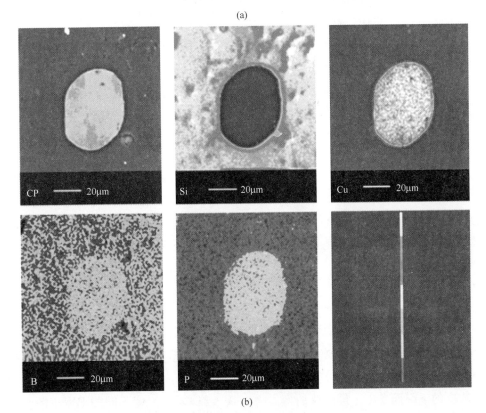

(b)

图 5-3　Si-50wt.%Cu 合金的形貌分析及杂质分布

质 B、P 明显分布在 Si-Cu 合金相中，这说明合金液体的凝固顺序影响了杂质 B、P 的分布。由于 Si-Cu 合金熔体对杂质 B、P 的吸附力要强于已析出的 Si 相，导致了杂质 B、P 在 Si 固相和 Si-Cu 合金液相中的分凝系数降低，使得 MG-Si 中的杂质 B、P 溶解在 Si-Cu 合金相中，并随着合金相的凝固而聚集在合金相中。

5.4　硅铜合金相的三步酸洗法选择性分离

5.4.1　酸的种类对除杂效果的影响

由于不同杂质对不同酸的敏感程度不同，浸出剂的类型直接决定了杂质的浸出效果。常用酸类浸出剂的性质如下。

5.4.1.1　硫酸（H_2SO_4）

浓 H_2SO_4 是一种强氧化剂，在常温下能够在 Fe、Al 等金属的表面生成一层致密的钝化膜，这些金属在浓 H_2SO_4 中的溶解速率很低。浓硫酸在加热后可以与除铱（Ir）、钌（Ru）之外的所有金属反应，生成高价金属硫酸盐和 SO_2 气体。在这些反应中，H_2SO_4 表现出了强氧化性和酸性。浓 H_2SO_4 还是强吸水剂，暴露于空气中会因吸水而自动稀释；低浓度的 H_2SO_4 没有氧化能力，仅有强酸的作用，其溶解一般金属的能力很强。

5.4.1.2　盐酸（HCl）

HCl 对大部分金属（除了银）和合金都有很好的腐蚀、溶解能力，主要有两方面原因：一方面是大多数金属或合金在 HCl 中都不会像浓 H_2SO_4 那样生成难溶的金属盐表面保护层，隔绝其与酸的接触；另一方面是 HCl 的阴离子（Cl^-）的活性很强，除了钛等少数钝性优异的金属外，金属的表面钝化膜在 HCl 中都会受到 Cl^- 的破坏而发生腐蚀。

5.4.1.3　硝酸（HNO_3）

HNO_3 是一种强酸，且无论浓度高或低都具有氧化性。除了一些具有钝化能力的金属可以抵挡 HNO_3 腐蚀，其余的金属几乎都会在与 HNO_3 接触的过程中被腐蚀。在 HNO_3 与金属进行反应的过程中，HNO_3 的浓度会逐渐下降，其氧化性随浓度的下降而变小。最经典的例子之一是金属 Cu 与浓度不同的 HNO_3 进行反应时会发生不同的现象。

5.4.1.4 氢氟酸（HF）

HF 是一种腐蚀性极强的酸，它对金属的溶解腐蚀性与盐酸相似，但是电离程度比盐酸小得多。HF 对金属的溶解腐蚀性极强，可在反应后生成可溶性的氟化物，只有与少数金属在室温下能生成较难溶的氟化物。当酸液中含有 H_2O_2 等氧化性物质时，HF 对金属或合金的溶解腐蚀速度将增加。

5.4.1.5 王水（Aqua regia）

王水是指浓 HCl 和浓 HNO_3 按 3∶1 的体积比混合而成的"混合酸"，它的腐蚀性极强，可以溶解浓 HCl、浓 HNO_3 或热浓 H_2SO_4 等酸不能溶解的物质。王水的主要作用机理是 NO_3^- 和 Cl^- 的协同作用。王水中的 HNO_3 为主要的氧化剂，同时还有 Cl_2、NOCl 强氧化剂等的存在；王水中含有大量的 Cl^-，增强了金属的还原能力，这是王水具有极强腐蚀性的首要原因。

选用 HCl、HNO_3、王水以及搭配少量的 HF 作为浸出剂进行酸洗效果的探索，重点对比了酸洗第一步中的 HNO_3、HCl 和王水对 Si-50wt.%Cu 合金的腐蚀效果。首先，分析和观察 Si-50wt.%Cu 合金样品在三种浸出剂作用下的质量变化。如图 5-4 所示，Si-50wt.%Cu 合金在 HNO_3 作用下的质量变化最大，即反应速率最大。随后，对酸洗后的三组样品进行微观形貌观察和比较。

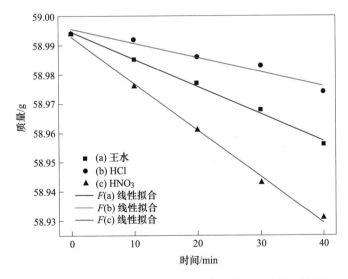

图 5-4　不同浸出剂下 Si-50wt.%Cu 合金酸洗的质量-时间图
（酸洗条件：酸洗温度 70℃；酸浓度 2mol/L；搅拌速度 200r/min）

图 5-5 为不同酸对硅铜合金的腐蚀情况。从图 5-5（a）可知，虽然 HCl 可以

腐蚀大部分的 Si-Cu 合金相，但是 Si 的表面仍附着有残留物；经 EDS 测试发现，残留物的 Cu 含量很高，这是由于 HCl 不和 Cu 反应，故导致了合金相中 Cu 的残留。从图 5-5（b）和 EDS 测试结果可知，部分 Si-Cu 合金相被 HNO₃ 腐蚀后覆盖在 Si 颗粒的表面。从图 5-5（c）可知，Si-Cu 合金相从 Si 晶粒上剥落，并以小颗粒状的形式存在；经 EDS 测试发现，剥落的颗粒物的化学成分主要为 CuCl 和 CuCl₂，两者均可通过后续的酸洗去除。Si-Cu 合金与 HNO₃ 和王水的化学反应分别如式（5-1）和式（5-2）所示：

$$3Cu(s) + 8HNO_3(l) = 3Cu(NO_3)_2(l) + 4H_2O(l) + 2NO(g) \qquad (5\text{-}1)$$

$$3Cu(s) + 2HNO_3(l) + 6HCl = 3CuCl_2(l) + 4H_2O(l) + 2NO(g) \qquad (5\text{-}2)$$

 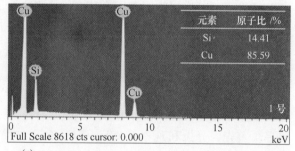

(a)

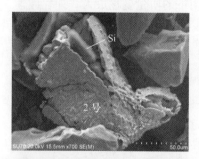 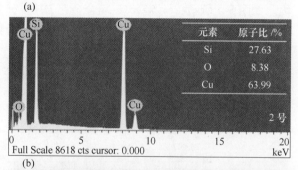

(b)

 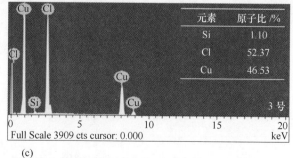

(c)

图 5-5　不同酸对硅铜合金的腐蚀

（酸洗条件：酸洗温度 70℃；酸浓度 2mol/L；酸洗时间 5h；搅拌速度 200r/min）

（a）HNO₃；（b）HCl；（c）王水

综上所述，尽管 HNO$_3$ 和王水均可与 Cu 进行反应，且 HNO$_3$ 的反应速度要快于王水，但是王水对 Si-Cu 合金相的剥离效果最佳，并无合金相的残留。

为了比较 Cu 合金化对 MG-Si 中杂质去除效果的影响，同步对 MG-Si 进行了相同条件下的酸洗浸出试验。MG-Si 中杂质 B、P 和金属杂质的去除率如图 5-6 所示。由图可知，王水对于 MG-Si 中杂质 B、P 的酸洗效果最佳，杂质 B、P 的去除率分别为 21% 和 23%；对于 MG-Si 中的金属杂质来说，HCl 的效果最佳，使用 HCl 可浸出 MG-Si 中 85% 的金属杂质。杂质 B、P 的去除率远低于金属杂质，这是因为只有少量的杂质 B、P 聚集在晶界处的沉淀相中，通过酸洗去除沉淀相而被浸出[12,13,29]。

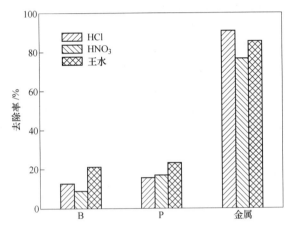

图 5-6　HCl、HNO$_3$ 和王水酸洗后 MG-Si 中杂质 B、P 的去除率

（酸洗条件：酸洗温度 70℃；酸浓度 2mol/L；酸洗时间 5h；搅拌速度 200r/min）

图 5-7 为 Si-50wt.%Cu 合金中杂质 B、P 和金属杂质在不同酸中的去除率。

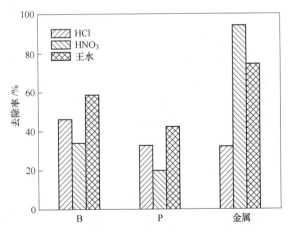

图 5-7　HCl、HNO$_3$ 和王水酸洗后 Si-50wt.%Cu 合金中杂质 B、P 的去除率

（酸洗条件：酸洗温度 70℃；酸浓度 2mol/L；酸洗时间 5h；搅拌速度 200r/min）

由图可知，王水对 Si-50wt.%Cu 合金中 B、P 杂质的去除效果最佳，B、P 的去除率分别为 59% 和 42%；HNO_3 对金属杂质的去除效果最佳，金属杂质的去除率可达 94%。

　　相较于杂质 B、P 在 MG-Si 中的分凝系数，它们在 Si-Cu 合金中的分凝系数要更小。这使得 Si-Cu 合金中的杂质 B、P 在凝固过程中会趋于聚集在合金相中，并与硅中的金属杂质（M）形成化合物（M_xB_y 或 M_xP_y）沉积在合金相中。该化合物随着合金相的去除而被浸出，Si-Cu 合金中杂质 B、P 在分别使用 HCl、HNO_3 和王水时的浸出过程可以通过下式表达：

$$M_xB_y(s) + xyHCl(l) + 3yH_2O(l) =\!=\!=$$
$$xMCl_y(l) + yB(OH)_3(l) + (xy+3y)/2H_2(g) \tag{5-3}$$

$$M_xP_y(s) + xyHCl(l) + 4yH_2O(l) =\!=\!=$$
$$xMCl_y(l) + yH_3PO_4(l) + (xy+5y)/2H_2(g) \tag{5-4}$$

$$M_xB_y(s) + (4xy+3y)/3HNO_3(l) + (3y-2xy)/3H_2O(l) =\!=\!=$$
$$xM(NO_3)_y(l) + yB(OH)_3(l) + (xy+3y)/3NO(g) \tag{5-5}$$

$$M_xP_y(s) + (4xy+5y)/3HNO_3(l) + (2y-2xy)/3H_2O(l) =\!=\!=$$
$$xM(NO_3)_y(l) + yH_3PO_4(l) + (xy+5y)/3NO(g) \tag{5-6}$$

$$M_xB_y(s) + (xy+3y)/3HNO_3(l) + xyHCl(l) + (y-2/3xy)H_2O(l) =\!=\!=$$
$$xMCl_y(l) + yB(OH)_3(l) + (xy+3y)/3NO(g) \tag{5-7}$$

$$M_xB_y(s) + (xy+5y)/3HNO_3(l) + xyHCl(l) + (2y-2xy)/3H_2O(l) =\!=\!=$$
$$xMCl_y(l) + yH_3PO_4(l) + (xy+5y)/3NO(g) \tag{5-8}$$

　　由上述实验结果可知，王水对 Si-50wt.%Cu 合金的合金相剥离效果和杂质 B、P 的浸出效果均优于 HCl 和 HNO_3。因此，选择王水作为酸洗第一步的浸出剂。由于 Cu_3Si 无法完全通过 HCl、HNO_3 和王水去除，因此，酸洗的第二步的主要目的是去除 Si-Cu 合金中的 Cu_3Si。酸洗第二步时，选择混合酸（2mol/L HNO_3 + 微量 HF）作为浸出剂。这是因为 HNO_3 是强氧化剂，HF 是弱酸，但是 F^- 是一种很强的络合剂，两者的混合物可以去除难溶物 Cu_3Si[30]。在酸洗过程中，Cu_3Si 会被氧化成 H_2SiF_6，由于 H_2SiF_6 的不稳定性，会分解成 SiF_4 气体和 HF。在第二步酸洗中，观察到有大量的气泡产生，这是由于反应生成了 SiF_4 气体和氧化氮气体（NO_2、NO 和 N_2O）。在酸洗的过程中，加入了少量的乙醇，防止产生的气泡引起液体的溢出现象。该过程中发生的化学反应可如下式所示：

$$Cu_3Si(s) + 16HNO_3(l) + 6HF(l) =\!=\!=$$
$$3Cu(NO_3)_2(l) + H_2SiF_6(l) + 10H_2O(l) + 10NO_2(g) \tag{5-9}$$

$$3Cu_3Si(s) + 28HNO_3(l) + 18HF(l) =\!=\!=$$
$$9Cu(NO_3)_2(l) + 3H_2SiF_6(l) + 20H_2O(l) + 10NO(g) \tag{5-10}$$

$$4Cu_3Si(s) + 34HNO_3(l) + 24HF(l) =\!=\!=$$
$$12Cu(NO_3)_2(l) + 4H_2SiF_6(l) + 25H_2O(l) + 5N_2O(g) \tag{5-11}$$

在酸洗第三步时，选择 1mol/L HNO₃ 作为浸出剂。由于酸洗反应过程中会产生大量的 SiF₄ 和氧化氮等气体，这些气体吸附在 Si 颗粒表面，从而阻碍了 Si 与酸的接触。此外，有部分杂质会发生反吸附，附着在 Si 颗粒的表面，降低了杂质的浸出效率。因此，在酸洗第三步时加入 1mol/L HNO₃ 去除 Si 颗粒表面吸附的气体及少量反吸附的杂质，从而提升 Si 中杂质的酸洗浸出率。

综上所述，三步酸洗法可以实现 Si-Cu 合金相的有效剥离和消蚀，从而提升工业硅中杂质 B、P 的去除效率。

5.4.2 合金粒径对除杂效果的影响

合金粒径大小，体现合金相与酸性介质的接触面积，从而影响杂质的浸出效果。选取五种粒径的 Si-50wt.%Cu 合金颗粒，首先使用 2mol/L 王水作为浸出剂，在 70℃ 下酸洗 5h，固液比均为 1：10。随后，样品使用 2mol/L HNO₃＋微量 HF 进行第二步酸洗。最后，样品使用 1mol/L HNO₃ 进行第三步酸洗。由图 5-8 可知，不同粒径的 Si-50wt.%Cu 合金在三步酸洗过程中，质量都随时间呈线性减少趋势。根据化学反应可知，样品质量的损失主要是反应过程中产生了气体。因此，通过记录样品质量的变化可以推测酸洗化学反应的速率。对数据进行线性拟合发现，在第一步酸洗及第二步酸洗过程中，粒径为 106～149μm 的合金颗粒初始反应速率最快，而粒径范围<74μm 和>178μm 的合金颗粒初始反应速度最慢。在第三步酸洗过程中，粒径范围>149μm 的合金颗粒初始反应速度最快，而粒径范围<74μm 的合金颗粒初始反应速度最慢。由图 5-9 可知，五种粒径的 Si-50wt.%Cu 合金进行三步酸洗后均无观察到明显合金相，随着粒径的增大，硅颗粒表面的腐蚀现象越明显。

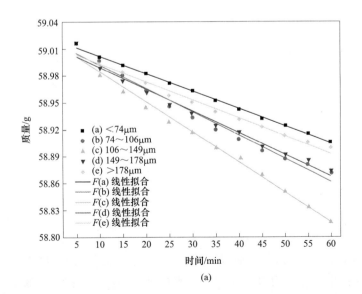

(a)

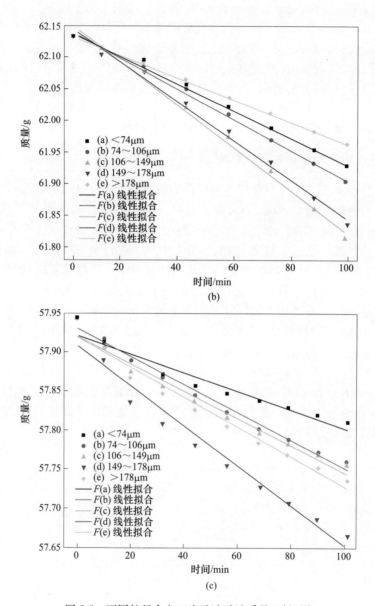

图 5-8　不同粒径合金三步酸洗质量-时间图

（a）第一步（2mol/L 王水）；（b）第二步（2mol/L HNO_3 + 微量 HF）；（c）第三步（1mol/L HNO_3）

为了进一步确定最佳的 Si-50wt.%Cu 合金粒径范围，对三步酸洗后的样品进行了 ICP 测试。不同 Si-50wt.%Cu 合金粒径下，杂质 B、P 的去除效率如图 5-10 所示。由图可知，当 Si-Cu 合金的粒径范围在 74～106μm 时，杂质 B、P 的去除效率达到最高值，分别为 58% 和 35%。当粒径进一步增大时，杂质 B、P 的去除

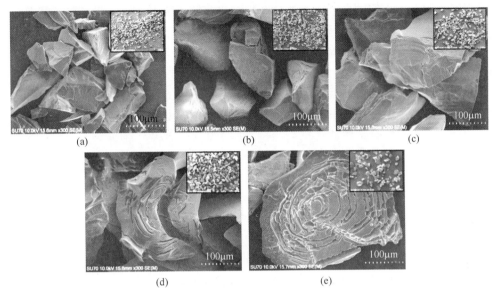

图 5-9　不同粒径的 Si-50wt.%Cu 合金颗粒三步酸洗后的 SEM 图

（酸洗条件：酸洗温度 70℃；搅拌速度：200r/min）

（a）<74μm；（b）74~106μm；（c）106~149μm；（d）149~178μm；（e）>178μm

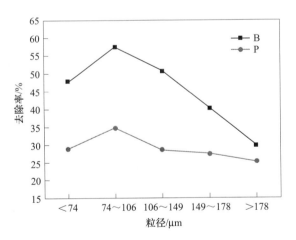

图 5-10　Si-50wt.%Cu 合金粒径对 B、P 杂质去除率的影响

（酸洗条件：酸洗温度 70℃；初始酸浓度 2mol/L；第一步酸洗时间 5h；搅拌速度 200r/min）

效率均下降。因此，选择 74~106μm 作为 Si-50wt.%Cu 合金的最佳粒径范围。

对于 MG-Si，研究结果表明超细的颗粒在过筛时会吸附较多的杂质，这些杂质很难通过酸洗去除[31]。总的来说，大部分杂质的去除率都比较相近，除了分凝系数较小的杂质 B、P[11]。在本次实验中，熔剂 Cu 作为 MG-Si 中杂质 B、P 的吸附剂，改变了它们的分凝行为及分布。结果表明，当 Si-Cu 合金的粒径范围在 74~106μm 时可以获得较好的除杂效果。Margarido 等人[32] 的研究结果表明，选择合适的合金粒径是酸洗除杂的关键因素之一。若将合金研磨至超细的粒径时，反而不利于进行酸洗除杂。尺寸效应会引起难溶杂质相在研磨和筛选的过程中聚集在更小的颗粒上。另外就是小粒径的颗粒具有大的比表面积，在酸洗过程中容易吸附反应产生的气体（SiF₄ 和氧化氮等），并阻碍酸洗反应的进行。这就解释了为何粒径过小的合金颗粒（<74μm）暴露了更多的晶界，但是杂质 B、P 的去除效果却不佳。

5.4.3 酸洗工艺条件对除杂效果的影响

首先，酸洗温度对杂质的反应活性有明显影响，直接影响 Si-50wt.%Cu 合金中 B、P 杂质浸出效果。如图 5-11 所示，当酸洗温度为 30~70℃时，五组实验的样品质量均在 1h 后达到初步平衡。因各组实验的初始质量不同，故通过计算前 1h 的样品质量随时间的变化，得到各个酸洗温度下的反应速率，作出速率-温度图。由图 5-12 可知，反应速率随着酸洗温度的上升而增加，在 60℃时达到最高的反应速率，随后下降。为了进一步确定最佳的酸洗温度，对不同酸洗温度下得到的样品进行了 ICP 测试。如图 5-13 所示，杂质 B、P 的去除率随酸洗温度的升高而升高，并在 70℃时得到最高的去除率，杂质 B、P 的去除率分别为 52% 和 40%。因此，最佳酸洗温度为 70℃。

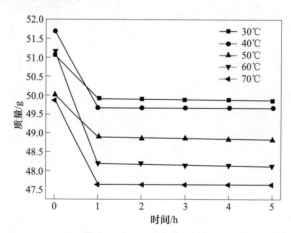

图 5-11   不同酸洗温度下硅铜合金酸洗的质量-时间图

（酸洗条件：粒径 74~106μm；初始酸浓度 2mol/L；第一步酸洗时间 5h；搅拌速度 200r/min）

对比了 Si-50wt.%Cu 合金分别在磁力搅拌、超声和无外加场（静置）三种条件下的杂质 B、P 的浸出效果。所使用的磁力搅拌速度为 200r/min，超声功率为 300W。使用如图 5-14 所示的质量实时记录，可知 Si-50wt.%Cu 合金与王水的反

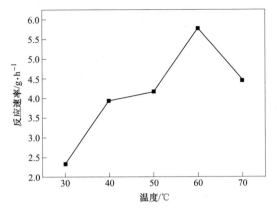

图 5-12 不同酸洗温度下的反应速率-温度图

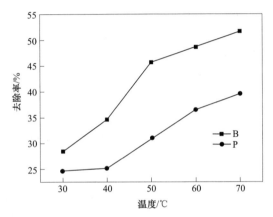

图 5-13 酸洗温度对 Si-50wt.%Cu 合金的 B、P 杂质去除效果的影响

（酸洗条件：粒径 74~106μm；初始酸浓度 2mol/L；酸洗时间 5h；搅拌速度 200r/min）

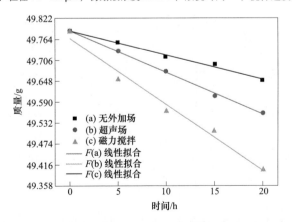

图 5-14 Si-50wt.%Cu 在不同条件下酸洗的质量-时间图

（酸洗条件：粒径 74~106μm；初始酸浓度 2mol/L；酸洗温度 70℃）

应速率最快。对三种条件下酸洗获得的样品进行 ICP 测试。见表 5-2，Si-50wt.%Cu 合金在磁力搅拌场的酸洗效果最佳，杂质 B、P 的去除效率分别达到了 53% 和 34%。Si-50wt.%Cu 合金在超声场的酸洗效果要略优于无外场的酸洗效果。综上得到，最佳酸洗环境为磁力搅拌。

表 5-2　Si-50wt.%Cu 合金在不同条件下酸洗的除杂效率　　　　（%）

杂质	无外加场	超声场	磁力搅拌
B	43.4	45.9	53.1
P	25.8	32.1	33.8

分析 Si-50wt.%Cu 合金在第一步王水酸洗的时间对杂质 B、P 去除效率的影响。硅铜合金在王水酸洗过程中观察到，Si-50wt.%Cu 合金会与王水反应生成白色沉淀，并从 Si 相中剥落。从图 5-15（a）可以发现，载有反应溶液的离心管底部存在较多的白色沉淀。经 EDS 能谱测试，从 Si 相中分离出来的白色小颗粒为

(a)　　　　　　　　　　　　　　(b)

(c)　　　　　　　　　　　　　　(d)

图 5-15　Si-50wt.%Cu 合金在第一步王水酸洗过程的宏观形貌和微观形貌

（酸洗条件：粒径 74~106μm；初始酸浓度 2mol/L；酸洗温度 70℃；搅拌速度 200r/min）

（a）试样；酸洗时间：（b）1h；（c）2h；（d）3h

CuCl 与少量的 CuCl$_2$。从第一步酸洗的溶液中分别抽取反应时间为 1h、2h 和 3h 的样品进行微观形貌观察。如图 5-15（b）~（d）所示，随着酸洗时间的延长，从 Si 相中剥落的 CuCl 和 CuCl$_2$ 会逐渐增多。对不同酸洗时间（第一步）获得的样品进行 ICP 测试。由图 5-16 可知，杂质 B、P 的去除率随着酸洗时间的延长而提高，当酸洗时间为 5h 时，杂质 B、P 的去除率分别为 58% 和 42%。

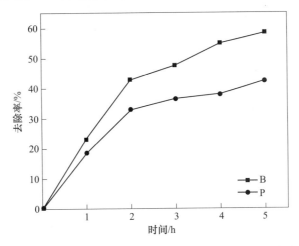

图 5-16　第一步酸洗时间对 Si-50wt.%Cu 合金中杂质 B、P 去除效果的影响
（酸洗条件：粒径 74~106μm；初始酸浓度 2mol/L；酸洗温度 70℃；搅拌速度 200r/min）

5.4.4　酸洗动力学

通过对实验现象的观察，MG-Si 的合金酸洗过程可以归纳为以下几个阶段。如图 5-17 所示，MG-Si 通过 Cu 合金化实现了杂质 B、P 的再分配，聚集在 Si-Cu 合金相中的杂质随着酸洗的进行而被浸出，最终获得提纯后的 Si。Margarido 等人[22,23]利用酸洗的方法来去除 Si-Fe 合金的合金相，并针对酸洗过程提出了"破

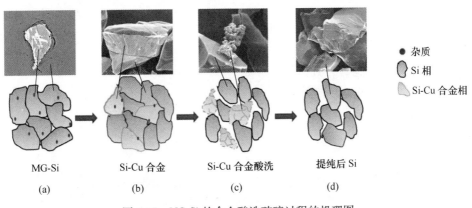

图 5-17　MG-Si 的合金酸洗破碎过程的机理图

碎收缩模型"（cracking shrinking model）。近年来，该模型也被应用在工业硅造渣精炼后的酸洗过程动力学分析[9]。基于以上研究结果，应用"破碎收缩模型"对在第一步酸洗（王水）时 Si-50wt.%Cu 合金中 B、P 杂质的首次浸出过程进行动力学分析。在后续的酸洗过程中（HNO₃+HF），由于合金颗粒已经破碎，因此破碎收缩模型仅适用于第一步酸洗。

基于最佳的酸浸工艺条件，选择的第一步酸洗参数为：粒径 74~106μm；酸洗时间 5h；温度 70℃。应用"破碎收缩模型"对 Si-50wt.%Cu 合金中杂质 B、P 的去除进行动力学分析。酸洗浸出过程一般是由颗粒表面的化学反应或反应层的扩散所控制，或由该两种机制共同控制[34,35]。杂质去除过程的动力学计算可由下式表达：

化学反应控制下：
$$k_1 t = 1 - (1 - x)^{\frac{1}{3}} \tag{5-12}$$

扩散控制下：
$$k_2 t = 1 - \frac{2}{3} x - (1 - x)^{\frac{2}{3}} \tag{5-13}$$

两者共同控制下：
$$k_3 t = \frac{1}{3} \ln(1 - x) + \left[(1 - x)^{-\frac{1}{3}} - 1 \right] \tag{5-14}$$

式中，k 为反应速度常数；t 为反应时间；x 为已反应的杂质含量。

从图 5-16 可获得第一步酸洗过程时 Si-50wt.%Cu 合金中杂质 B、P 的浸出率，将实验所得的数据分别套用以上几个式子进行动力学计算。通过计算得到的反应速度常数 k 和相关系数见表 5-3。由图 5-18 可知，通过式（5-14）计算获得的线性拟合结果最接近第一步酸洗过程时 Si-50wt.%Cu 合金中杂质 B、P 的浸出过程。杂质 B、P 的相关系数分别为 0.9844 和 0.9665。由此可知，第一步酸洗过程时Si-50wt.%Cu 合金中杂质 B、P 的浸出过程是由界面化学反应及扩散共同控制。

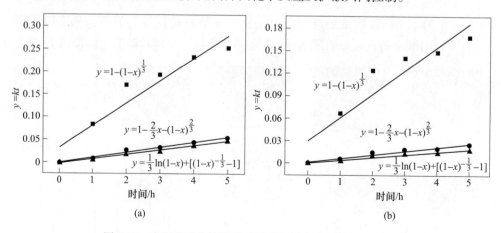

图 5-18　应用破碎收缩模型对硼磷杂质去除过程进行模拟
（a）B；（b）P

表 5-3　杂质 **B**、**P** 的反应速度常数 *k* 和相关系数

元素	反应速度/h^{-1}			相关系数		
	k_1	k_2	k_3	R_1^2	R_2^2	R_3^2
B	49.6×10^{-3}	11.2×10^{-3}	9.9×10^{-3}	0.9271	0.9834	0.9844
P	31.5×10^{-3}	5.0×10^{-3}	3.6×10^{-3}	0.8690	0.9545	0.9665

参 考 文 献

[1] Rajendran S, Wilcox W R, Ravishankar P S. Solidification behavior in casting of silicon [J]. Journal of Crystal Growth, 1986, 75 (2): 353-366.

[2] Jiang D, Ren S, Shi S, et al. Phosphorus removal from silicon by vacuum refining and directional solidification [J]. Journal of Electronic Materials, 2014, 43 (2): 314-319.

[3] Sim B C, Kim K H, Lee H W. Boron segregation control in silicon crystal ingots grown in Czochralski process [J]. Journal of Crystal Growth, 2006, 290 (2): 665-669.

[4] Teixeira L A V, Tokuda Y, Morita K. Behavior and state of boron in CaO-SiO$_2$ slags during refining of solar grade silicon [J]. ISIJ International, 2009, 49 (6): 777-782.

[5] Krystad E, Tang K, Tranell G. The kinetics of boron transfer in slag refining of silicon [J]. JOM, 2012, 64 (8): 968-972.

[6] Zheng S, Engh T A, Tangstad M, et al. Separation of phosphorus from silicon by induction vacuum refining [J]. Separation and Purification Technology, 2011, 82 (1): 128-137.

[7] Safarian J, Tangstad M. Vacuum refining of molten silicon [J]. Metallurgical and Materials Transactions B, 2012, 43 (6): 1427-1445.

[8] Tan Y, Ren S, Shi S, et al. Removal of aluminum and calcium in multicrystalline silicon by vacuum induction melting and directional solidification [J]. Vacuum, 2014, 99 (1): 272-276.

[9] Fang M, Lu C, Huang L, et al. Effect of calcium-based slag treatment on hydrometallurgical purification of metallurgical-grade silicon [J]. Industrial & Engineering Chemistry Research, 2014, 53 (2): 972-979.

[10] Dietl J. Hydrometallurgical purification of metallurgical-grade silicon [J]. Solar Cells, 1983, 10 (2): 145-154.

[11] Santos I C, Gonçalves A P, Santos C S, et al. Purification of metallurgical grade silicon by acid leaching [J]. Hydrometallurgy, 1990, 23 (2): 237-246.

[12] Hu L, Wang Z, Gong X, et al. Purification of metallurgical-grade silicon by Sn-Si refining system with calcium addition [J]. Separation and Purification Technology, 2013, 118: 699-703.

[13] Hu L, Wang Z, Gong X, et al. Impurities removal from metallurgical-grade silicon by combined Sn-Si and Al-Si refining processes [J]. Metallurgical and Materials Transactions B, 2013, 44

(4): 828-836.

[14] Li J, Guo Z, Li J, et al. Super gravity separation of purified si from solvent refining with the Al-Si alloy system for solar grade silicon [J]. Silicon, 2014, 7: 239-246.

[15] Ma X, Yoshikawa T, Morita K. Si growth by directional solidification of Si-Sn alloys to produce solar-grade Si [J]. Journal of Crystal Growth, 2013, 377: 192-196.

[16] Esfahani S, Barati M. Purification of metallurgical silicon using iron as impurity getter, Part Ⅱ: Extent of Silicon Purification [J]. Metals and Materials International, 2011, 17 (6): 1009-1015.

[17] Esfahani S, Barati M. Purification of metallurgical silicon using iron as an impurity getter part Ⅰ: Growth and separation of Si [J]. Metals and Materials International, 2011, 17 (7): 823-829.

[18] Li J, Ban B, Li Y, et al. Removal of impurities from metallurgical grade silicon during Ga-Si solvent refining [J]. Silicon, 2017, 9 (1): 77-83.

[19] Shin J H, Park J H. Thermodynamics of reducing refining of phosphorus from Si-Mn alloy using CaO-CaF$_2$ slag [J]. Metallurgical and Materials Transactions B, 2012, 43 (6): 1243-1246.

[20] Shimpo T, Yoshikawa T, Morita K. Thermodynamic study of the effect of calcium on removal of phosphorus from silicon by acid leaching treatment [J]. Metallurgical and Materials Transactions B, 2004, 35 (2): 277-284.

[21] Yoshikawa T, Arimura K, Morita K. Boron removal by titanium addition in solidification refining of silicon with Si-Al melt [J]. Metallurgical and Materials Transactions B, 2005, 36 (6): 837-842.

[22] Margarido F, Martins J P, Figueiredo M O, et al. Refining of Fe-Si alloys by acid leaching [J]. Hydrometallurgy, 1993, 32 (1): 1-8.

[23] Visnovec K, Variawa C, Utigard T, et al. Elimination of impurities from the surface of silicon using hydrochloric and nitric acid [J]. Materials Science in Semiconductor Processing, 2013, 16 (1): 106-110.

[24] Huang L, Lai H, Gan C, et al. Separation of boron and phosphorus from Cu-alloyed metallurgical grade silicon by CaO-SiO$_2$-CaCl$_2$ slag treatment [J]. Separation and Purification Technology, 2016, 170: 408-416.

[25] Mitrašinović A M, Utigard T A. Refining silicon for solar cell application by copper alloying [J]. Silicon, 2010, 1 (4): 239-248.

[26] Mitrasinovic A M, Utigard T A. Copper removal from hypereutectic Cu-Si alloys by heavy liquid media separation [J]. Metallurgical and Materials Transactions B, 2012, 43 (2): 379-387.

[27] Olesinski R, Abbaschian G. The Cu-Si (copper-silicon) system [J]. Bulletin of Alloy Phase Diagrams, 1986, 7: 170-178.

[28] Hall R, Racette J H. Diffusion and solubility of copper in extrinsic and intrinsic germanium, silicon, and gallium arsenide [J]. Journal of Applied Physics, 1964, 35 (2): 379-397.

[29] Meteleva-Fischer Y V, Yang Y, Boom R, et al. Slag treatment followed by acid leaching as a route to solar-grade silicon [J]. JOM, 2012, 64 (8): 957-967.

［30］ Sun Y H, Ye Q, Guo C, et al. Purification of metallurgical-grade silicon via acid leaching, calcination and quenching before boron complexation ［J］. Hydrometallurgy, 2013, 139 (3): 64-72.

［31］ Zhang H, Wang Z, Ma W, et al. Chemical cracking effect of aqua regia on the purification of metallurgical-grade silicon ［J］. Industrial & Engineering Chemistry Research, 2013, 52 (22): 7289-7296.

［32］ Margarido F, Figueiredo M O, Queiroz A M, et al. Acid leaching of alloys within the quaternary system Fe-Si-Ca-Al ［J］. Industrial & Engineering Chemistry Research, 1997, 36 (12): 5291-5295.

［33］ Martins J P, Margarido F. The cracking shrinking model for solid-fluid reactions ［J］. Materials Chemistry and Physics, 1996, 44 (2): 156-169.

［34］ Levenspiel O. Chemical Reaction Engineering ［J］. Industrial & Engineering Chemistry Research, 1999, 38 (11): 1055-1076.

［35］ Dickinson C F, Heal G R. Solid-liquid diffusion controlled rate equations ［J］. Thermochimica Acta, 1999, 340 (99): 89-103.

6　杂质吸附剂在硅铜合金精炼中强化除杂作用

6.1　引言

选择铜（Cu）作为熔剂金属，将 Si-Cu 合金精炼与造渣精炼、杂质相的酸洗浸出选择性分离等传统冶金法工艺相结合，探寻最优的组合工艺参数，实现了工业硅（MG-Si）中重点杂质 B、P 的有效去除[1,2]。为了进一步提高工业硅中重点杂质 B、P 的去除效率，可通过在硅基合金体系中添加少量的金属元素作为杂质吸附剂以实现对杂质 B、P 的强化去除作用。近年来，许多学者对杂质吸附剂对合金精炼的强化除杂效果进行了探索。例如，Lei 等人[3]发现在 Si-Al 合金精炼中添加了含量为 2037ppmw 的钛（Ti）后可将硅中杂质 B 的含量降低至 1.2ppma。Ban 等人[4]深入研究了杂质吸附剂 Ti 在 Si-Al 合金精炼中的除 B 机理。Bai 等人[5]将添加有少量 Ti 的 Si-30wt.%Al 合金进行定向凝固，发现当 Ti 的添加量为 2000ppmw 时，杂质 B 在 Si-Al 合金体系中的有效分凝系数为 0.0068。Yoshikawa 等人[6]测试了 Si-64.6at.%Al（1173K）和 Si-60at.%Al（1273K）体系中的 TiB_2 的溶解度，确定了 Si-Al 合金体系中添加适量 Ti 对杂质 B 的去除效果。Li 等人发现在 Si-Al 合金体系中添加了少量锡（Sn）可有效提高合金定向凝固后 Si 的收率和杂质 B 的去除效率[7]。Li 等人[8]研究了在 Si-Al 合金体系中添加少量锌（Zn）对杂质 B 去除效果的影响，Lei 等人[9]在 Si-Al 合金体系中添加少量的铪（Hf）提高杂质的去除效果，杂质 B、P 的去除率分别可达 94.2% 和 86.2%。此外，有研究者[10]还研究了锆（Zr）作为 Si-Al 合金体系中的杂质吸附剂对除杂效果的影响。Hu 等人[11]研究了在 Si-Sn 合金体系中添加少量的钙（Ca）可促进杂质 B、P 的去除。Sun 等人[12]利用在 Si-Al 合金体系中添加少量 Ca 在合金中构建 $CaAl_2Si_2$ 相来吸附杂质 P，从而提高杂质 P 的去除效率。Ludwig 等人[13]系统阐述了 Si-Al 合金体系中杂质 Ca 和 P 的相互作用机理。

采用 Ti、Ca 作为 Si-Cu 合金体系的杂质吸附剂。主要研究思路是通过添加杂质吸附金属在 Si-Cu 合金精炼过程中与关键杂质形成稳定的化合物，并沉积在 Si-Cu 合金相中，最终通过酸洗去除合金相以获得高纯硅。

6.2 杂质吸附剂 Ti/Ca 强化合金精炼及合金相酸浸工艺

6.2.1 Si-Cu-Ti/Ca 合金精炼工艺

所使用的原料：工业硅（纯度：99%，Becancour Silicon Inc.），铜粉（纯度：>99.9%，Sigma-Aldrich），海绵钛（纯度：99.5%，Aldrich），钙粉（纯度：99%，Aldrich），硼化硅（纯度：98%，Alfa Aesar），磷化铜（Cu：P＝85wt.%：15wt.%，Alfa Aesar），酸洗实验所使用的 HNO_3（规格：68%～70%，Caledon Laboratory Chemicals），HCl（规格：36.5%～38%，Caledon Laboratory Chemicals）和 HF（规格：48%，GFS Chemcials）。工业硅（MG-Si）的杂质含量见表 6-1。

表 6-1 MG-Si 的 ICP-OES 分析结果 （ppmw）

杂质	MG-Si	杂质	MG-Si
B	15	Cr	12
P	27	Mn	84
Fe	2476	Ni	122
Al	1363	Mg	6
Ca	46	Ti	262

6.2.2 Si-Cu-Ti/Ca 合金相酸浸分离工艺

使用卧式管式炉制备 Si-Cu(-Ti/Ca) 合金，如图 6-1 所示。Si-Cu 合金的制备过程如下：首先，将 MG-Si 块放入振动研磨机（型号：MM400，Retsch Company）研磨至颗粒状；为了便于观察杂质 B、P 在合金中的分凝行为，分别对 Si-Cu 合金进行 B、P 掺杂。B 掺杂的 Si-Cu 合金是将 MG-Si 颗粒、0.5g B_6Si 粉末和 Cu 粉进行混合（质量比：MG-Si/Cu = 1：1；总质量：约100g），P 掺杂的 Si-Cu 合金是将 MG-Si 颗粒、0.5g Cu_3P 粉末和 Cu 粉进行混合（质量比：MG-Si/Cu＝1：1；总质量：约100g）。然后，分别将混合粉末放入石墨坩埚中，置于卧式管式炉中在氩气保护下以 5℃/min 的速度升至 1550℃，保温 3h 后缓慢降至室温。卧式管式炉内的温度通过热电偶（Platinum Rhodium-30%/Platinum Rhodium-6%）进行控温，温差控制在±10℃。最后，从石墨坩埚中取出凝固后的 Si-Cu 合金，并将 Si-Cu 合金放入振动研磨机进行研磨，收集合金粉末。掺 B 的 Si-Cu 合金制备完成后，称取不同质量的海绵 Ti 与 20g Si-Cu 合金粉末分别混合均匀，Ti 在合金中的初始含量为 1wt.%～5wt.%。随后在卧式管式炉中进行熔炼制备 Si-Cu-Ti 合金，实验过程同 Si-Cu 合金的制备过程。Si-Cu-Ca 合金的制备过程与 Si-Cu-Ti 相同，使用掺 P 的 Si-Cu 合金，Ca 在合金中的初始含量也为 1wt.%～5wt.%。

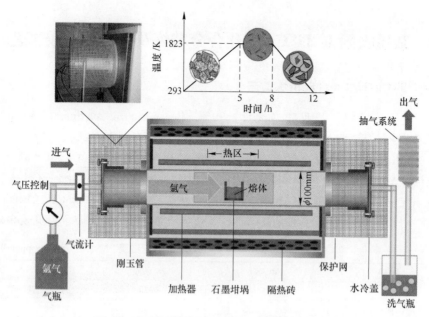

图 6-1　制备 Si-Cu(-Ti/Ca) 合金的卧式管式炉

使用三步酸洗法对 Si-Cu(-Ti/Ca) 合金进行酸洗[2]。由于合金的成分和酸洗条件的改变，对酸洗工艺调整如下：将合金颗粒置于特氟龙烧杯中，固液比为 1∶10，置于加热磁力搅拌器上（400r/min），依次进行三步酸洗：

步骤一：2mol/L 王水，12h；

步骤二：2mol/L HNO_3 + 微量 HF，6h；

步骤三：1mol/L HNO_3，6h。

将酸洗后剩余的固体通过离心收集，并用去离子水进行多次洗涤至中性。离心机转速为 5000xg，离心 5min（Thermo Scientific Sorvall Legend X1R）。对样品进行真空干燥后，使用混合酸（HNO_3 + HF）进行消解，溶液用于 ICP-OES 的元素含量分析测试。采用电感耦合等离子体发射光谱法（ICP-OES，Thermo Fisher Scientific iCAP 6300，USA）测试样品中的杂质含量，使用 X 射线衍射仪（XRD，Rigaku MiniFlex 600，Japan）测试样品的物相，通过扫描电子显微镜和能谱仪（SEM-EDS，JEOL 6610LV，Japan）观察样品的微观形貌及成分，通过电子探针（EPMA，JEOL JXA8230，Japan）测试样品表面区域的元素分布。

6.3　杂质吸附剂 Ti 强化 Si-Cu 合金精炼除硼规律

6.3.1　杂质吸附剂 Ti 对 Si-Cu 合金形貌的影响

图 6-2（a）为 Si-Cu-5wt.%Ti 合金的微观形貌。由图可见，在 Si-Cu 合金相

中发现有小颗粒的聚集坑。通过该区域的放大图 6-2（b）发现，众多小颗粒呈多边形状，并嵌入合金相中。图 6-2（c）为合金中的四个典型物相，对其进行 EDS 分析发现，主要为 Si（深色）、$TiSi_2$（浅灰色）、Cu_3Si（亮白色）、团簇在合金相中的粒径为 5~15μm 颗粒为 TiB_2。值得注意的是，在 $TiSi_2$ 相中意外发现了杂质 P 的聚集。

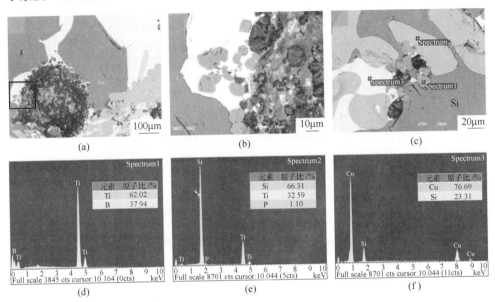

图 6-2 Si-Cu-5wt.% Ti 合金微观形貌（a）、局部放大图（b）和合金中的四个典型物相（c）及其 EDS 能谱分析

根据 Yoshikawa 等人[14] 的研究可知，TiB_2 在 Si-Al 合金中的溶解度很低，Al_3Ti 可以通过酸洗去除，因此在 Si-Al 合金中添加适量的 Ti 可以提高杂质 B 的去除效率。通过 TiB_2 在 Si-Al 合金的分布，可以对 Si-Al 合金的凝固过程进行推测。在合金中的 Si 相凝固后，聚集在 Si 的晶界处的 Si-Al 合金液相稀释了 Ti 和 B 的浓度，减少了其反应的几率，并使得生成的 TiB_2 主要分布在 Si 的晶界处，少量分布在 Si-Al 合金相中。在本实验中，Si-Cu 合金中的杂质 B 与 Ti 进行反应，生成 TiB_2 后以团簇状聚集在 Si-Cu 合金相中。TiB_2 在 Si-Cu 合金相中的集中分布，有利于提升酸洗的过程中杂质 B 的去除效率。

由于 EDS 的检测极限较低，使用 EPMA 对合金中元素的分布进行测试。图 6-3 为 Si-Cu 合金中的 Cu_3Si 合金相及合金精炼后 $TiSi_2$ 相的 EPMA 面扫描图。如图 6-3（a）所示，大部分的金属杂质（Ti、Cr、Fe、Ni 和 Mn）和杂质 B 趋于聚集在 Si-Cu 合金相中，而杂质 Mg 趋于聚集在 Si 相中。值得注意的是，部分杂质 Mg 杂质富集在 Si-Cu 合金相边缘的三个区域。由此可推测，杂质 Mg 在凝固的过程中聚集在合金液相中，并随着合金的凝固而聚集在 Si-Cu 合金相边界处。此外，杂质 P、Ca 也被发现聚集在这三个区域中。虽然在凝固的过程中，Si 相排斥杂质 Mg，但是由于 Si-Cu 合金相对杂质 Mg 的排斥力更大，因此，杂质 Mg 在 Si 相的含量要高于其在 Si-Cu 合金相的含量。由图 6-3（b）可知，当 Si-Cu 合金中添加适量的 Ti 时（含量>1%），Si-Cu 合金相中会出现第二相 $TiSi_2$，且 P 和 Al 主要聚集在 $TiSi_2$ 相中。

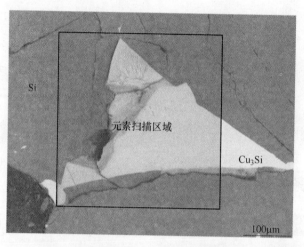

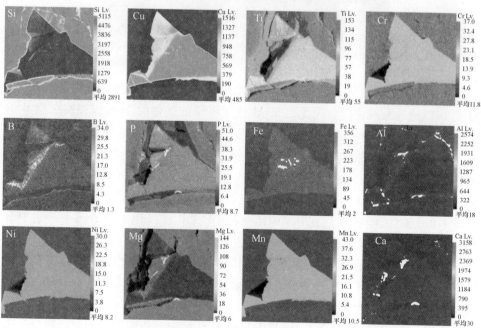

(a)

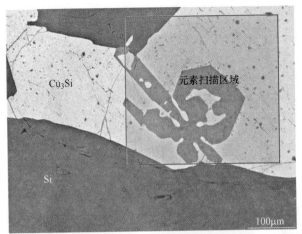

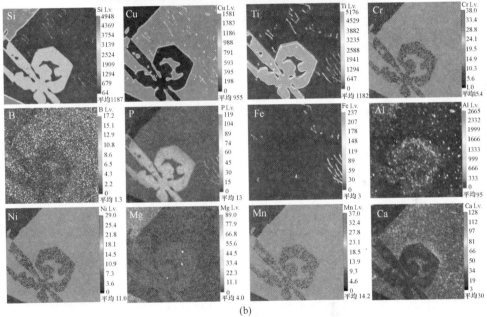

(b)

图 6-3　EPMA 面扫描图

（a）Si-Cu 合金中的 Cu₃Si 合金相；（b）Si-Cu-5wt.%Ti 合金中的 TiSi₂ 相

　　图 6-4 为不同 Ti 添加量的 Si-Cu 合金的微观形貌。如图 6-4（a）所示，Si-Cu 合金的主要物相为 Si 和 Cu₃Si。如图 6-4（b）所示，往 Si-Cu 合金中添加 1wt.% Ti 时，在 Si 和 Cu₃Si 的界面处出现了一些孔洞，TiB₂ 颗粒同时出现在孔洞和 Cu₃Si 相中。如图 6-4（c）和（d）所示，当 Si-Cu 合金中的 Ti 含量增加时，Cu₃Si 相中出现了第二相 TiSi₂，它的含量随着 Ti 添加量的增加而增加。研究表明，Si-50wt.%Cu 合金经过三步酸洗后 Si 的收率约为 48%；Si 的收率随着 Si-Cu

合金中 Ti 含量的增加而轻微下降，当 Si-Cu-5wt.%Ti 经过三步酸洗后 Si 的收率约为 46%。

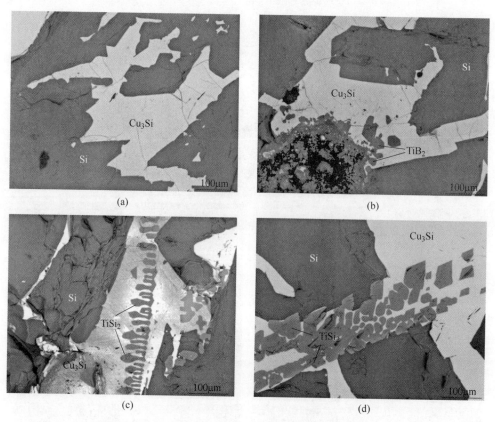

图 6-4 不同 Ti 添加量的 Si-Cu 合金的微观形貌

（a）Si-Cu 合金；（b）Si-Cu-1wt.%Ti 合金；（c）Si-Cu-2.5wt.%Ti 合金；（d）Si-Cu-5wt.%Ti 合金

Si-Cu(-Ti) 合金样品的 XRD 测试结果如图 6-5 所示。由图可知，四种成分的合金均出现了 Si 和 Cu_3Si 两个相；在 Si-Cu-1wt.%Ti 合金样品的谱图中出现了 TiB_2 的特征峰；$TiSi_2$ 的特征峰的强度随着 Ti 含量的增加而增加。由于在 Si-Cu-Ti-B 合金体系中 Ti 对 B 的吸引力最强且 TiB_2 熔点最高，因此，TiB_2 在凝固过程中最先析出。由 Si-Cu-Ti 合金在 800℃ 的等温截面图可知，过量的 Ti 会与 Si 反应生成 $TiSi_2$[15]。在 Si-Cu-Ti 三元合金的凝固过程中，熔点最高的 Si 最先凝固，随后析出 $TiSi_2$，Cu_3Si 最后凝固。由于 Ti 和 B 之间的强吸引力，TiB_2 可能在合金熔化的过程中形成，这些颗粒在随后的凝固过程中会聚集在 Si-Cu 合金液相中，随后在 Si-Cu 合金相中形成团簇状。合金中生成 TiB_2 和 $TiSi_2$ 会引起 20%~25% 体积收缩，从而导致凝固后的合金中出现的孔洞。这些孔洞是合金中的液相最后凝固的位置，凝固收缩后在孔洞中聚集了大量的 TiB_2 颗粒。

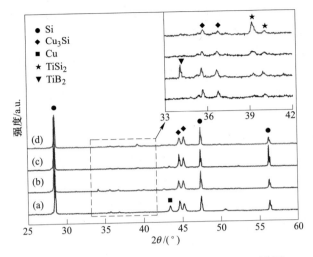

图 6-5　不同 Ti 添加量的 Si-Cu 合金的 XRD 谱图

（a）Si-Cu 合金；（b）Si-Cu-1wt.%Ti 合金；（c）Si-Cu-2.5wt.% Ti 合金；（d）Si-Cu-5wt.% Ti 合金

6.3.2　Ti 的添加量对 Si-Cu 合金精炼除硼的影响

图 6-6 是 Si-Ti 和 Si-Cu(-Ti) 合金酸洗后的 B 杂质去除效率的对比。为了研究除硼规律，通常在合金中掺入较高的 B 含量。B 掺杂的 Si-Cu 合金中的 B 含量是 624ppmw。根据质量守恒定律，假设往 Si-Cu 合金中添加微量的 Ti 不引入杂质 B，且在熔炼过程中没有杂质 B 的挥发。当 Ti 的添加量为 5wt.% 时，Si-Cu 合金中的 B 含量从 624ppmw 降至 94ppmw，去除率达到 85%。Johnston 和 Barati 等[16]

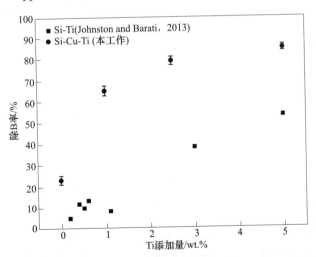

图 6-6　Si-Ti 和 Si-Cu-Ti 合金酸洗后的硼杂质去除效率对比

在 B 掺杂的 MG-Si 中添加了少量的 Ti 进行除 B 效果的测试。他们的研究结果表明，MG-Si 中杂质 B 的去除效率随着 Ti 添加量的增加而增加，当 Ti 的添加量为 5wt.%时，MG-Si 中杂质 B 的去除效率约为 55%。然而，精炼后的 Si 中仍残留有较多的杂质 Ti，且 Si 中杂质 Ti 的含量随着 Ti 添加量的增加而增加。因此，直接在 MG-Si 中添加 Ti 虽然能够去除杂质 B，但是也引入了杂质 Ti。Yin 等人[17]通过在 MG-Si 中添加 Ni 对硅中的杂质 B 进行吸附，但是也存在着引入的 Ni 难以去除的问题。在 MG-Si 中添加少量的 Ti 时，生成的 TiB_2 颗粒存在于 Si 晶体中，酸洗只能去除位于晶体表面和界面处的部分颗粒。当在 Si-Cu 合金中添加少量的 Ti 时，生成的 TiB_2 颗粒会团聚在 Si-Cu 合金相中，并随着酸洗去除合金相而被去除。此外，有部分杂质 B 会溶解在 Cu_3Si 中。因此，在 Si-Cu 合金中添加少量的杂质吸附剂金属 Ti 时，可以有效地提高硅中杂质 B 的去除效率。

6.3.3　Si-Cu-Ti 合金精炼的除硼热力学

基于前文的分析可知，在 Si-Cu 合金中添加少量的 Ti 可以有效去除杂质 B。Ti 和 B 在 Si-Cu 合金精炼过程中发生的化学反应可由式（6-1）表达，该反应的吉布斯自由能 $\Delta G_B^{\ominus \text{for}}$ 如式（6-2）所示：

$$Ti(l) + 2B(l) \Longrightarrow TiB_2(s) \tag{6-1}$$

$$\Delta G_B^{\ominus \text{for}} = -436000 + 67.3T(\text{J/mol})^{[18]} \tag{6-2}$$

据 Yoshikawa 等人[14]的研究成果，TiB_2 是一个非常稳定的化合物，Si-Al 合金中的 Ti 对杂质 B 有很强的吸附力。Chen 等人[4,5]研究了添加有少量 Ti 的 Si-Al 合金中杂质 B 的去除机理。研究结果表明，TiB_2 颗粒的在 Si 凝固结晶之前便已析出，这是杂质 B 的主要去除路径。在本实验中，在添加少量 Ti 的 Si-Cu 合金中发现了 TiB_2 颗粒的存在。这说明了添加有少量 Ti 的 Si-Cu 合金中的杂质 B 的主要是通过形成 TiB_2 颗粒并团聚在 Si-Cu 合金相得以去除。因此，Ti 的添加可以有效降低杂质 B 在 Si 固相和 Si-Cu 合金液相的分凝系数。

当反应达到平衡状态时，杂质 B 在 Si 固相和 Si-Cu 合金液相的化学势相等，如式（6-3）所示：

$$\mu_{\text{B in solid Si}} = \mu_{\text{B in Si-Cu melt}} \tag{6-3}$$

$$\Delta G_B^{\ominus \text{fus}} = RT\ln \frac{a_{\text{B(s) in solid Si}}}{a_{\text{B(l) in Si-Cu melt}}} \tag{6-4}$$

式中，$\Delta G_B^{\ominus \text{fus}}$ 为杂质 B 溶解的吉布斯自由能；$a_{\text{B(s) in solid Si}}$ 为杂质 B 在 Si 固相中的活度；$a_{\text{B(l) in Si-Cu melt}}$ 为杂质 B 在 Si-Cu 合金液相的活度。

杂质 B 在 Si 固相和 Si-Cu 合金液相的界面处的分凝行为可以用平衡分配系数 k_B 来量化，k_B 是杂质 B 在 Si 固相和 Si-Cu 合金液相的浓度的比值。

$$k_B = \frac{x_{B(s) \, in \, solid \, Si}}{x_{B(1) \, in \, Si\text{-}Cu \, melt}} = \frac{\gamma_{B(1) \, in \, Si\text{-}Cu \, melt}}{\gamma_{B(s) \, in \, solid \, Si}} \exp\left(\frac{-\Delta G_B^{\ominus fus}}{RT}\right) \tag{6-5}$$

因此，杂质 B 的分凝系数可以由式（6-6）表达：

$$\ln k_B = \ln \frac{x_{B(s) \, in \, solid \, Si}}{x_{B(1) \, in \, Si\text{-}Cu \, melt}} = \frac{\Delta G_B^{\ominus fus}}{RT} + \ln \frac{\gamma_{B(1) \, in \, Si\text{-}Cu \, melt}}{\gamma_{B(s) \, in \, solid \, Si}} \tag{6-6}$$

杂质 B 在 Si 固相中的标准固态活度系数可以由式（6-7）表达：

$$\ln \gamma_{B(s) \, in \, solid \, Si} = \ln \gamma_{B(s) \, in \, solid \, Si}^0 + \varepsilon_{B \, in \, solid \, Si}^B x_{B \, in \, solid \, Si} +$$
$$\varepsilon_{B \, in \, solid \, Si}^{Cu} x_{Cu \, in \, solid \, Si} + \varepsilon_{B \, in \, solid \, Si}^{Ti} x_{Ti \, in \, solid \, Si} \tag{6-7}$$

杂质 B 在 Si-Cu 合金液相中的标准液态活度系数可以由式（6-8）表达：

$$\ln \gamma_{B(1) \, in \, Si\text{-}Cu \, melt} = \ln \gamma_{B(1) \, in \, Si\text{-}Cu \, melt}^0 + \varepsilon_{B \, in \, Si\text{-}Cu \, melt}^B x_{B \, in \, Si\text{-}Cu \, melt} + \varepsilon_{B \, in \, Si\text{-}Cu \, melt}^{Ti} x_{Ti \, in \, Si\text{-}Cu \, melt}$$
$$\tag{6-8}$$

在 900℃时，Ti 在 Cu 中的溶解度为 8at.%，而仅有 1×10^{-11} at.%Ti 可以溶解在 Si 固相中[19,20]。由此可推测，Ti 在 Si 固相和 Si-Cu 合金液相间的分凝系数非常低，因此在平衡状态下 $x_{Ti \, in \, Si\text{-}Cu \, melt}$ 的数值非常小。所以，Ti 的添加量对 $\ln \gamma_{B(s) \, in \, solid \, Si}^0$ 的影响可以忽略不计。添加 Ti 对 k_B 的影响主要是取决于 $\varepsilon_{B \, in \, Cu\text{-}Si \, melt}^{Ti}$。尽管 $\varepsilon_{B \, in \, Cu\text{-}Si \, melt}^{Ti}$ 的数值未知，可以通过 Ti 对 B 的强大吸引力来推测它的数值是负数。增加 $x_{Ti \, in \, Si\text{-}Cu \, melt}$ 可以减小 k_B，预示着提高 Si-Cu 合金中 Ti 的含量可以降低杂质 B 的分凝系数，从而提高杂质 B 的去除率。

由于 Si-Cu(-Ti) 合金中的 B 含量低于 XRD 的检测极限，无法研究 Ti 添加量对合金物相转变的影响。因此，使用 FactSage™ 热力学计算软件绘制 Si-Cu-Ti-B 相图，其中，杂质 B 的含量设置为 1wt.%。如图 6-7 所示，当 Ti 的添加量很少

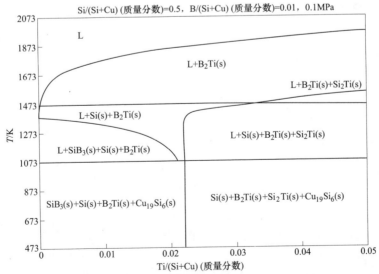

图 6-7 FactSage™软件计算得到的 Si-Cu-Ti-B 相图

时，也会生成 TiB_2 颗粒。使用 FactSage™ 计算了 TiB_2 和 $TiSi_2$ 生成反应在 273 ~ 1863K 时的标准吉布斯自由能变化，如图 6-8 所示。由图可知，TiB_2 的生成要先于 $TiSi_2$。此外，由于杂质 B 在 Si 中的溶解度仅为 0.0048at.%（1151℃）[21]，因此，Si 相中溶解的杂质 B 不会对 TiB_2 的生成产生影响。当 Ti 的添加量超过 2wt.% 时，除了生成 TiB_2，还会生成 $TiSi_2$。这与实验结果一致。

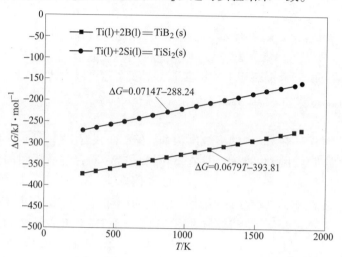

图 6-8　TiB_2 和 $TiSi_2$ 生成反应在 273 ~ 1863K 时的标准吉布斯自由能变化

　　添加 Ti 作为杂质吸附剂后，杂质 Al、P 趋于聚集在 $TiSi_2$ 相中。这些杂质元素的溶解度差异可能与不同物相的晶体结构有关。如图 6-9 所示，Cu_3Si、TiB_2 和 $TiSi_2$ 的晶体结构有明显的差异。TiB_2 是六方晶体结构，晶格参数为 $a = 0.3028nm$、$b = 0.3028nm$ 和 $c = 0.3228nm$。$TiSi_2$ 是六方晶体结构，晶格参数为 $a = 0.8267nm$、$b = 0.4800nm$ 和 $c = 0.8551nm$。已知 Si 在硼化物和硅化物中的溶解度可以忽略不

$Cu_{3.17}Si\ P\text{-}3m1(164)$
$a = 0.40600nm$, $b = 0.40600nm$,
$c = 0.73300nm$

$TiB_2\ P6/mmm(191)$
$a = 0.30280nm$, $b = 0.3028nm$,
$c = 0.32280nm$

$TiSi_2\ Fddd(70)$
$a = 0.82671nm$, $b = 0.48000nm$,
$c = 0.85505nm$

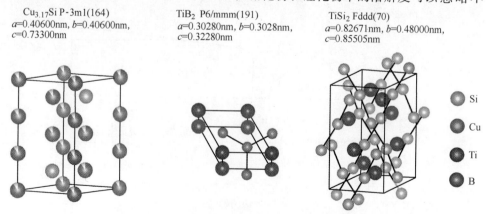

图 6-9　$Cu_{3.17}Si$、TiB_2 和 $TiSi_2$ 的晶体结构

计[22,23]。Cu_3Si 和 $TiSi_2$ 同属于六方晶系，但是所属空间群不同。根据晶体的空间点阵结构计算了三种晶体结构的原子堆积因子（atomic packing fraction，APF）。计算结果表明，TiB_2 为密堆结构，其 APF 值高达 72%；而 Cu_3Si 和 $TiSi_2$ 的 APF 值分别为 64% 和 58%。换言之，$TiSi_2$ 的晶体结构中具有最大的空隙（42%）。这可能是杂质 P 和 Al 可以溶解于 $TiSi_2$ 的晶体结构中的原因之一。

6.4　杂质吸附剂 Ca 强化 Si-Cu 合金精炼除磷规律

6.4.1　杂质吸附剂 Ca 对 Si-Cu 合金形貌的影响

对 Si-Cu 合金添加 Ca 前后的形貌进行观察，并对特定区域进行 EDS 能谱分析。如图 6-10 所示，未添加 Ca 的 Si-Cu 合金中仅有 Si 相和 Si-Cu 合金相。如图 6-11 所示，当 Si-Cu 合金中添加有 2.5wt.%Ca 时，两个新的相出现在 Si-Cu 合金相中。其中，一个相为棒状 Cu-Si-Ca-P，另一个相为针状 Cu-Si-Ca。通过 EDS 能谱分析可推测，三个相的成分分别为 Cu_3Si（Spectrum 1）、$CaCu_2Si_2$（Spectrum 2）和 $CaCu_{11}Si_5$（Spectrum 3），结果见表 6-2。值得注意的是，大量的杂质 P 聚集在 $CaCu_2Si_2$ 相中。

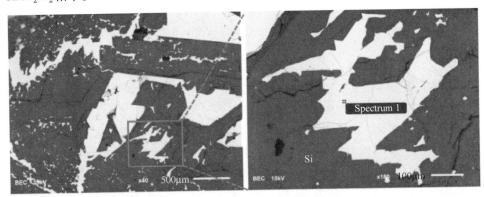

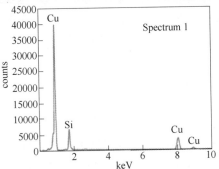

图 6-10　Si-Cu 合金的微观结构及其 EDS 能谱分析

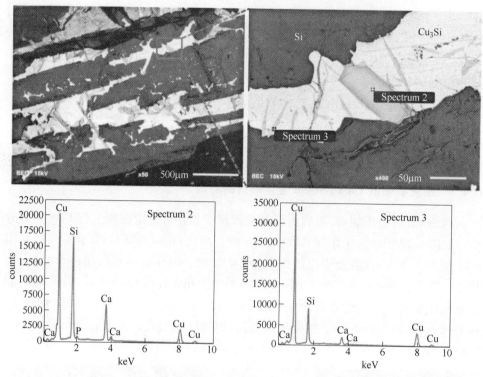

图 6-11   Si-Cu-2.5wt.%Ca 合金的微观结构及其 EDS 能谱分析

表 6-2   EDS 能谱分析

EDS 能谱分析	元素/at.%			
	Si	Cu	Ca	P
Spectrum 1	23.49	76.51	0	0
Spectrum 2	41.21	39.22	17.90	1.67
Spectrum 3	29.24	64.59	6.17	0

根据 Shimpo 等人[24]的研究结果，Si-Ca-P 合金中的含 P 相与 $CaSi_2$ 相毗邻，经 XRD 测试确认该含 P 相为 Ca_3P_2。Hu 等人[11]往 MG-Si 中添加了少量的 Ca 后发现，杂质 P 均匀地分布在 $CaAl_2Si_2$ 相中，经 XRD 测试并未发现 Ca_3P_2 相的存在。为了证实合金相的存在，将 Si-Cu 合金中的 P 含量掺杂到 1622ppmw。XRD 物相分析表明，Si-Cu-Ca 合金中物相如图 6-12 所示。在 Si-Cu-$x$wt.%Ca (x = 0、1、2.5 和 5) 合金中均出现了 Cu_3Si 相。随着合金中 Ca 含量的增加，含 Ca 的物相 ($CaSi_2$、Ca_2Si 和 CaCu) 的特征峰峰强增加，而 Cu_3Si 相的峰强减弱。在 Si-Cu 合金的 XRD 谱图中，可以观察到一些小的峰出现在含 Ca 的物相特征峰位置。由于 Si-Cu 合金中的 Ca 含量为 402ppmw，这些小峰可能来源于污染物或氧化物，而非 Si-Ca 化合物。通过此次 XRD 测试，并未发现含 P 物相的存在，这可能是因为 XRD 的检测限较低和含 P 物相含量太低。

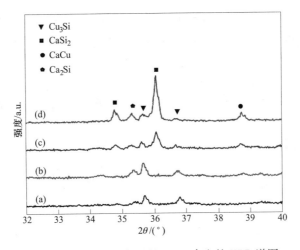

图 6-12　不同 Ca 添加量的 Si-Cu 合金的 XRD 谱图

（a）Si-Cu 合金；（b）Si-Cu-1wt.%Ca 合金；（c）Si-Cu-2.5wt.%Ca 合金；（d）Si-Cu-5wt.%Ca 合金

为了进一步预测 Si-Cu-Ca-P 体系中可能存在的物相，使用 FactSage™ 软件计算得到 Si-Cu-Ca-P 相图。如图 6-13 所示，在 Ca 含量较高的区域中存在有 Ca_xSi_y

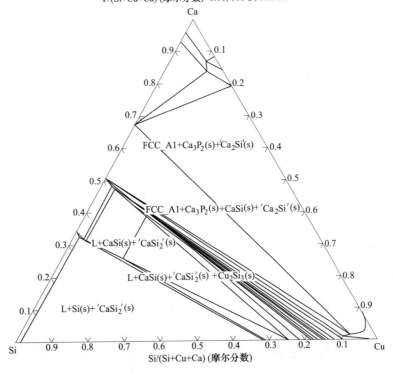

图 6-13　FactSage™ 软件计算得到的 Si-Cu-Ca-P 相图

（$CaSi$、Ca_2Si 和 $CaSi_2$）和 Ca_3P_2 几个物相。基于前文的讨论可知，杂质 P 被发现聚集在 $CaCu_2Si_2$ 相中（图 6-11）。但在此相图中，并未发现任何 Si-Cu-Ca-P 化合物。针对该现象，关于含 P 物相在 Si-Cu-Ca 合金中的转变可能存在两个机理：一是在合金精炼的过程中生成了 Ca_3P_2 并和其他物相如 $CaCu$ 和 $CaSi_2$ 形成共沉积；二是杂质 P 溶解在 Si-Cu-Ca 熔体中，并随着熔体的凝固溶解在 $CaCu_2Si_2$ 物相中。

为了研究杂质 P 在 Si-Cu-Ca 合金体系中的赋存状态，使用了 EPMA 测试了杂质 P 在 Si-Cu 合金和 Si-Cu-Ca 合金中的分布状态。图 6-14（a）是 Si-Cu 合金的 EPMA 面扫图。由图可知，相比于 Si 相，Ca 和 P 都趋于聚集在 Si-Cu 合金相中。图 6-14（b）是 Si-Cu-2.5wt.%Ca 合金的 EPMA 面扫图。由图可知，Ca 和 P 在 $CaCu_2Si_2$ 相中的浓度要远高于其在 Si-Cu 合金相和 Si 相中的浓度。结果表明，杂质 P 先是溶于 Si-Cu 合金熔体中，随后转移到对其吸附力大的 $CaCu_2Si_2$ 相中。

为了进一步确认含 P 物相在 Si-Cu-Ca 合金中的赋存状态，利用了合金中各个物相的酸敏感度差异，使用 HCl 对合金进行腐蚀。假如沉淀相中的杂质 P 是以 Ca_3P_2 的形式存在，那么 Ca_3P_2 会溶于酸中[12,25]。Ca_3P_2 和 HCl 的化学反应式如下所示：

$$Ca_3P_2(s) + 12HCl(l) = 3CaCl_2(l) + 2PCl_3(l) + 6H_2(g) \qquad (6-9)$$

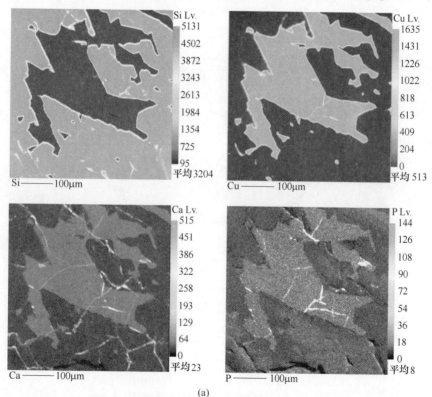

(a)

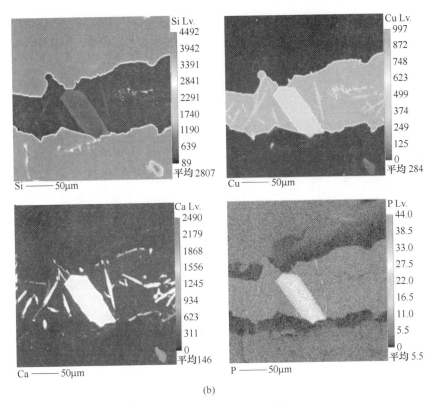

图 6-14　EPMA 面扫描图

（a）Si-Cu 合金；（b）Si-Cu-2.5wt.%Ca 合金

使用 E_h-pH 图（Electrochemical potential vs. pH diagram）对合金中的几个物相（Cu_3Si、$CaSi_2$ 和 $CaCu$）在 HCl 酸洗过程中的不同反应进行预测。主要是通过 FactSage™ 软件对 Si-Cu-Ca-Cl-H_2O 体系进行绘制。在每个 E_h-pH 图中，两条虚线所包围的区域代表了物质稳定的区域。图 6-15（a）为 Si-Cu-Cl-H_2O 体系在 25℃时的 E_h-pH 图。由图可知，当 Si-Cu 相与 HCl 进行反应后的溶液中主要含有 $CuCl_2$ 和 Cu^{2+}。图 6-15（b）为 Si-Ca-Cl-H_2O 体系在 25℃时的 E_h-pH 图。由图可知，当 Si-Ca 相与 HCl 进行反应后的溶液中主要含有 Ca^{2+}，其化学反应式如式（6-10）所示。图 6-15（c）为 Cu-Ca-Cl-H_2O 体系在 25℃时的 E_h-pH 图。由图可知，当 Cu-Ca 相与 HCl 进行反应后的溶液中主要含有 $CuCl_2$（或 Cu^{2+}）和 Ca^{2+}，其化学反应式如式（6-11）所示：

$$CaSi_2(s) + 10HCl(l) = CaCl_2(l) + 2SiCl_4(l) + 5H_2(g) \qquad (6\text{-}10)$$

$$CaCu(s) + 4HCl(l) = CaCl_2(l) + CuCl_2(l) + 2H_2(g) \qquad (6\text{-}11)$$

对图 6-11 中的 Si-Cu 合金相进行了 HCl 的原位腐蚀测试，如图 6-15（d）所

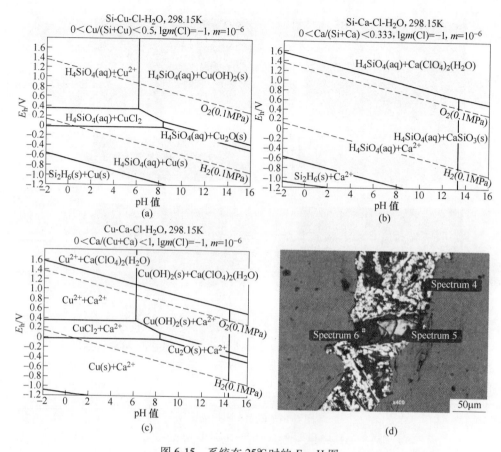

图 6-15   系统在 25℃时的 E_h-pH 图

（a）Si-Cu-Cl-H$_2$O；（b）Si-Ca-Cl-H$_2$O；（c）Cu-Ca-Cl-H$_2$O；（d）不同相的酸敏感度

示。当合金相在 25℃下与 2mol/L HCl 反应 12h 后，合金中的 Si-Cu-Ca 相的腐蚀程度要远远高于 Cu$_3$Si 相。基于以上讨论，合金中各个物相的酸敏感度强弱可推导如下：

$$Ca_3P_2 > CaSi_2,\ CaCu,\ 或\ CaCu_2Si_2 \gg Cu_3Si$$

假设在合金精炼的过程中生成了 Ca$_3$P$_2$ 并和其他物相如 CaCu 和 CaSi$_2$ 形成共沉积；杂质 P 在酸洗过程中的转移符合物质守恒定律。由此可推测，合金中几个物相的不同酸敏感度会导致杂质 P 的浓度在酸洗后会产生较大的变化。对酸洗后的各个物相进行 EDS 能谱分析，见表 6-3。结果表明，Si-Cu-Ca 合金相中残留物质的成分与酸洗前几乎一致，且杂质 P 的浓度并无明显变化。因此，该假设并不成立。换言之，杂质 P 在合金精炼的过程中主要是溶解在 Si-Cu-Ca 熔体中，并随着熔体的凝固溶解在 CaCu$_2$Si$_2$ 物相中。当 Si-Cu 合金中的 CaCu$_2$Si$_2$ 物相越多时，更多的杂质 P 可以溶解其中。

表 6-3　EDS 能谱分析

EDS 能谱分析	元素/at.%					
	Si	Cu	Ca	O	Cl	P
Spectrum 4	3.51	85.54	0	9.90	1.05	0
Spectrum 5	38.09	38.98	16.13	5.25	0	1.55
Spectrum 6	29.60	0	1.70	65.94	2.75	0

6.4.2　Ca 的添加量对 Si-Cu 合金精炼除磷的影响

对含有不同 Ca 添加量的 Si-Cu 合金进行酸洗，以探索 Ca 的添加对杂质 P 去除效率的影响。假设在合金精炼的过程中无 Si 的挥发和氧化及 Ca 的添加不引入杂质 P。杂质 P 的去除效率定义为 Si-Cu-Ca 合金酸洗后的 P 含量与 Si-Cu 合金中 P 含量的比值。如图 6-16 所示，Si-Cu 合金中杂质 P 的去除效率仅为 27%；当 Si-Cu 合金中添加 5wt.%Ca 时，杂质 P 的去除效率可达 82%，但 Si 中的 Ca 含量也随之增加。根据 Johnston 和 Barati[16] 的研究结果可知，当 MG-Si 中添加 4wt.%Ca 时，杂质 P 的去除效率可达 98.8%，且 Si 中的 Ca 污染随着 Ca 添加量的增加而减小。Hu 等人[11]发现主要的熔剂金属会稀释 Si 熔体中杂质 P 的浓度从而降低 P 与 Ca 添加剂的反应几率。虽然 Si-Ca 合金中杂质 P 的去除效率要高于 Si-Cu-Ca 合金，但是熔剂金属 Cu 的存在可以有效提高其他杂质（Fe、Ti、Ni 等）的去除效率。

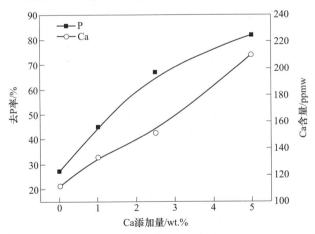

图 6-16　Si-Cu 合金中 P 杂质的去除率和合金中的
Ca 含量随着合金中 Ca 的添加量的变化

6.4.3　Si-Cu-Ca 合金的除磷热力学

Si-Cu 合金中 Ca 和 P 的相互作用系数大小体现他们形成合金相的能力。杂质

P 在合金熔体中的活度系数可如式 (6-12) 所示。

$$\ln\gamma_P^1 = \ln\gamma_P^{\ominus,1} + \varepsilon_P^1 x_P^1 + \varepsilon_P^{Ca,1} x_{Ca}^1 + \varepsilon_P^{Cu,1} x_{Cu}^1 \tag{6-12}$$

式中，γ_P^1 为杂质 P 在 Si-Cu 熔体的标准液态下的活度系数；$\gamma_P^{\ominus,1}$ 为杂质 P 在 Si 熔体的标准液态下的活度系数；ε_P^1 为 Si-Cu 合金熔体中 P 的自作用系数；x_P^1 为 Si-Cu 合金熔体中 P 的摩尔分数；$\varepsilon_P^{Ca,1}$ 为 Si-Cu 合金熔体中 Ca 和 P 的相互作用系数；x_{Ca}^1 为 Si-Cu 合金熔体中 Ca 的摩尔分数；$\varepsilon_P^{Cu,1}$ 为 Si-Cu 合金熔体中 Cu 和 P 的相互作用系数；x_{Cu}^1 为 Si-Cu 合金熔体中 Cu 的摩尔分数。

由于 Si-Cu 合金熔体中的 P 含量很低，因此 ε_P^P 可以忽略不计。已知合金成分为 Si-50wt.%Cu，x_{Ca}^1 和 x_{Cu}^1 的关系可如式 (6-13) 所示：

$$M_{Ca}x_{Ca}^1 = 1 - M_{Cu}x_{Cu}^1 - M_{Si}x_{Si}^1 = 1 - 2M_{Cu}x_{Cu}^1 \tag{6-13}$$

因此，式 (6-12) 可改写如下：

$$\ln\gamma_P^1 = \ln\gamma_P^{\ominus,1} + \varepsilon_P^P x_P^1 + \frac{1}{128}\varepsilon_P^{Cu} + \varepsilon_P^{Ca,1} x_{Ca}^1 - \frac{5}{16}\varepsilon_P^{Cu,1} x_{Ca}^1 \tag{6-14}$$

其中，$\left(\ln\gamma_P^{\ominus,1} + \varepsilon_P^P x_P^1 + \dfrac{1}{128}\varepsilon_P^{Cu}\right)$ 可视为常数 C。式 (6-14) 可进一步改写如下：

$$\ln\gamma_P^1 = C + x_{Ca}^1\left(\varepsilon_P^{Ca,1} - \frac{5}{16}\varepsilon_P^{Cu,1}\right) \tag{6-15}$$

使用 FactSage™ 软件计算 SiP、Cu₃P 和 Ca₃P₂ 生成反应在 800~2000K 时的标准吉布斯自由能变化。由图 6-17 可知，生成 Ca₃P₂ 所需的吉布斯自由能的绝对值最大，说明 Ca 对 P 的吸引力很大。由此可推测，Ca 和 P 的相互作用系数要大于 Cu 和 P 的相互作用系数。因此，$\left(\varepsilon_P^{Ca,1} - \dfrac{5}{16}\varepsilon_P^{Cu,1}\right)$ 的值为负数。由式 (6-15) 可知，当 x_{Ca}^1 的值增加时，γ_P^1 的值降低。这说明了，增加 Si-Cu 合金中 Ca 的添加量会降低杂质 P 的活度系数。

当 Si-Cu 合金熔体在平衡状态下，杂质 P 在合金熔体中的化学势与其在固体 Si 中的化学势相等，如式 (6-16) 所示：

$$\mu_{P\,in\,solid\,Si} = \mu_{P\,in\,Si\text{-}Cu\,melt} \tag{6-16}$$

$$\Delta G_P = RT\ln\frac{a_{P(s)\,in\,solid\,Si}}{a_{P(1)\,in\,Si\text{-}Cu\,melt}} \tag{6-17}$$

式中，ΔG_P 为 P 熔化所需的吉布斯自由能；$a_{P(s)\,in\,solid\,Si}$ 为 P 在固体 Si 中的活度；$a_{P(1)\,in\,Si\text{-}Cu\,melt}$ 为 P 在 Si-Cu-Ca 合金熔体中的活度。

杂质 P 在 Si-Cu-Ca 合金中的分凝系数 k_P 可如式 (6-18) 所表达：

$$\ln k_P = \ln\frac{x_P^s}{x_P^1} = \frac{\Delta G_P}{RT} + \ln\gamma_P^1 - \ln\gamma_P^s \tag{6-18}$$

式中，γ_P^s 为 P 在固体 Si 中的活度系数；x_P^s 为 P 在固体 Si 中的摩尔分数。

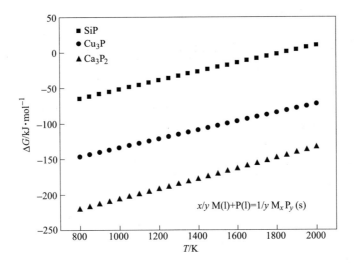

图 6-17　SiP、Cu_3P 和 Ca_3P_2 生成反应在 800~2000K 时的标准吉布斯自由能变化

　　由于 Ca 在固体 Si 中的最大溶解度为 171ppmw，Ca 对 $\ln\gamma_P^s$ 的影响可忽略不计[26]。因此，Ca 的添加主要对 $\ln\gamma_P^l$ 产生影响。已知当 x_{Ca}^l 的值增加时，γ_P^l 的值降低，从而导致了 k_P 的值降低。换言之，增加 Ca 的含量会降低杂质 P 在 Si-Cu 合金中的分凝系数。当杂质 P 的分凝系数降低时，更多的 P 会在凝固过程中聚集在 Si-Cu 合金液相中。这就解释了为何增加 Ca 的添加量会提高杂质 P 的去除效率。在 Si-Sn 和 Si-Al-Sn 合金体系中也发现了类似的规律[11,27]。以 Si-Al 合金体系为例，杂质 P 在 1273K 时的分凝系数为 0.085，该数值要远低于杂质 P 在 Si 熔体在熔点时的分凝系数[28]。因此，Ca 的添加降低杂质 P 在 Si-Cu 合金中的分凝系数，有助于杂质 P 的去除。

参 考 文 献

[1] Huang L, Lai H, Gan C, et al. Separation of boron and phosphorus from Cu-alloyed metallurgical grade silicon by CaO-SiO₂-CaCl₂ slag treatment [J]. Separation and Purification Technology, 2016, 170: 408-416.

[2] Huang L, Lai H, Lu C, et al. Enhancement in extraction of boron and phosphorus from metallurgical grade silicon by copper alloying and aqua regia leaching [J]. Hydrometallurgy, 2016, 161: 14-21.

[3] Lei Y, Sun L, Ma W, et al. Enhancing B removal from Si with small amounts of Ti in electromagnetic solidification refining with Al-Si alloy [J]. Journal of Alloys and Compounds, 2016, 666: 406-411.

［4］ Ban B, Li J, Bai X, et al. Mechanism of B removal by solvent refining of silicon in Al-Si melt with Ti addition ［J］. Journal of Alloys and Compounds, 2016, 672：489-496.

［5］ Bai X, Ban B, Li J, et al. Effect of Ti addition on B removal during silicon refining in Al-30%Si alloy directional solidification ［J］. Separation and Purification Technology, 2017, 174：345-351.

［6］ Yoshikawa T, Arimura K, Morita K. Boron removal by titanium addition in solidification refining of silicon with Si-Al melt ［J］. Metallurgical and Materials Transactions B, 2005, 36 (6)：837-842.

［7］ Li J, Liu Y, Tan Y, et al. Effect of tin addition on primary silicon recovery in Si-Al melt during solidification refining of silicon ［J］. Journal of Crystal Growth, 2013, 371：1-6.

［8］ Li J, Jia P, Li Y, et al. Effect of Zn addition on primary silicon morphology and B distribution in Si-Al alloy ［J］. Journal of Materials Science, 2014, 25 (4)：1751-1756.

［9］ Lei Y, Ma W, Ma X, et al. Leaching behaviors of impurities in metallurgical-grade silicon with hafnium addition ［J］. Hydrometallurgy, 2017, 169：433-439.

［10］ Lei Y, Ma W, Lv G, et al. Purification of metallurgical-grade silicon using zirconium as an impurity getter ［J］. Separation and Purification Technology, 2017, 173：364-371.

［11］ Hu L, Wang Z, Gong X, et al. Purification of metallurgical-grade silicon by Sn-Si refining system with calcium addition ［J］. Separation and Purification Technology, 2013, 118：699-703.

［12］ Sun L, Wang Z, Chen H, et al. Removal of phosphorus in silicon by the formation of $CaAl_2Si_2$ phase at the solidification interface ［J］. Metallurgical and Materials Transactions B, 2017, 48 (1)：420-428.

［13］ Ludwig T H, Dæhlen E Schonhovd, Schaffer P L, et al. The effect of Ca and P interaction on the Al-Si eutectic in a hypoeutectic Al-Si alloy ［J］. Journal of Alloys and Compounds, 2014, 586：180-190.

［14］ Yoshikawa T, Arimura K, Morita K. Boron removal by titanium addition in solidification refining of silicon with Si-Al melt ［J］. Metallurgical and Materials Transactions B, 2005, 36 (6)：837-842.

［15］ Natalia Bochvar Y D, Dmitriy K, Rainer N, et al. Cu-Si-Ti (copper-silicon-titanium). Light Metal Systems. Part 4：Selected Systems from Al-Si-Ti to Ni-Si-Ti ［M］. Heidelberg：Springer Berlin, 2006：284-298.

［16］ Johnston M D, Barati M. Calcium and titanium as impurity getter metals in purification of silicon ［J］. Separation and Purification Technology, 2013, 107 (4)：129-134.

［17］ Yin Z, Oliazadeh A, Esfahani S, et al. Solvent refining of silicon using nickel as impurity getter ［J］. Canadian Metallurgical Quarterly, 2011, 50 (2)：166-172.

［18］ Chase M W, Davies C A, Downey J R, et al. JANAF Thermodynamic Tables ［M］. Third ed. New York：American Chemical Society and American Institute of Physics for National Bureau of Standards, 1985.

［19］ Murray J L. The Cu-Ti (copper-titanium) system ［J］. Bulletin of Alloy Phase Diagrams, 1983, 4：81-95.

[20] Tang K, Øvrelid E J, Tranell G, et al. Thermochemical and kinetic databases for the solar cell silicon materials [J]. Crystal Growth of Si for Solar Cells, 2009: 219-251.

[21] Vick G, Whittle K. Solid solubility and diffusion coefficients of boron in silicon [J]. Journal of the Electrochemical Society, 1969, 116: 1142-1144.

[22] Ramos A S, Baldan R, Nunes C A, et al. Isothermal section of the Ti-Si-B system at 1250℃ in the Ti-TiSi$_2$-TiB$_2$ region [J]. Materials Research, 2014, 17 (2): 392-396.

[23] Ramos A S, Nunes C A, Rodrigues G, et al. Ti$_6$Si$_2$B, a new ternary phase in the Ti-Si-B system [J]. Intermetallics, 2004, 12 (5): 487-491.

[24] Shimpo T, Yoshikawa T, Morita K. Thermodynamic study of the effect of calcium on removal of phosphorus from silicon by acid leaching treatment [J]. Metallurgical and Materials Transactions B, 2004, 35 (2): 277-284.

[25] Meteleva-Fischer Y V, Yang Y, Boom R, et al. Microstructure of metallurgical grade silicon during alloying refining with calcium [J]. Intermetallics, 2012, 25: 9-17.

[26] Trumbore F A. Solid solubilities of impurity elements in germanium and silicon [J]. Bell Labs Technical Journal, 1960, 39 (1): 205-233.

[27] Tang T, Lai H, Sheng Z, et al. Effect of tin addition on the distribution of phosphorus and metallic impurities in Si-Al alloys [J]. Journal of Crystal Growth, 2016, 453: 13-19.

[28] Yoshikawa T, Morita K. Refining of silicon during its solidification from a Si-Al melt [J]. Journal of Crystal Growth, 2009, 311 (3): 776-779.

7 硅基合金定向凝固除杂技术

7.1 引言

合金精炼提纯工艺的基本原理是合金凝固过程中的杂质分凝与分离结晶原理。具体过程是将纯度为99%左右的工业硅熔于熔剂金属中,杂质元素在硅与熔剂金属互溶后充分扩散;在合金熔体冷却过程中,具有较高熔点的硅会先从合金熔体中结晶,由于大部分杂质元素在合金熔液中的溶解度比在固体硅中的高,杂质元素会偏析至合金熔体中;完全凝固后,合金可利用电化学分解、火法冶金(如高温蒸馏)、湿法冶金(如酸洗)等方法去除熔剂金属与合金相,将高纯硅从合金中分离出来,并获得提纯后的硅材料。

Kotval 等[1]在1980年发明了一项提纯冶金硅方法的专利,该专利中提到首先在氮气气氛下将工业硅溶于熔融的液态铝中,待其完全互溶后,再将这混合的金属液冷却,由于硅的熔点较高,在冷却过程中,硅会以薄片的形式先在混合液中沉淀下来,冷却速度控制在60℃/h 为最佳,速度太快形成的薄片会太小很难过滤分离,速度太慢成本会大大增加。取出沉淀的薄片过滤,并且采用质量分数为4%~37%的盐酸水溶液进行酸洗,用发射光谱分析,发现其中 Al 的含量约为1500ppmw,铁的含量约 30ppmw。再将酸洗后的硅薄片与 SiO_2(65%)-MgO(10%)-CaO(25%) 渣系进行熔化,熔化温度在1410~1500℃范围内为最佳,将熔化后的渣硅熔体以 25mm/h 的速度拉锭进行定向凝固,再将凝固得到的锭切除沉积在下部的渣料和少量杂质聚集的头部部分,余下部分的硅即可达到制作太阳电池的要求,直接制成太阳电池的效率为 8.9%,二次拉成多晶后效率为 9.6%,拉成单晶后效率可达 10.6%。

Obinata 等[2]也采用铝作为熔剂金属精炼工业硅,但他在用铝作熔剂的工艺中通常夹杂着铝的氧化物,而这种氧化物无法利用酸洗等工艺去除。Morita 等人[3~11]通过电磁感应加热的方式凝固硅铝合金,在实现硅从合金中的分离方面取得了一定的进展,并且得到了很好的提纯效果,若采用外部加热时,凝固的硅会分布在合金熔体的各个位置,这样在酸洗提取硅的过程中就会造成大量硅与铝的损失。采用电磁感应加热时,当合金样品放置在感应线圈下,样品上就会形成一个垂直的温度梯度,这主要是由于在合金中不同位置的涡流电流强度不同造成的，并且，由于这种涡流电流与磁场的相互作用，就会产生一种方向指向熔体中心的洛伦兹力，由于这种洛伦兹力的作用，在熔体中产生一种离心式散流下降，因此硅的凝固就会发生在样品中比较低的位置，随着离心式散流下降，凝固的硅会聚集在样品的底部，而样品的上部会出现合金熔体的分离现象，之后利用酸洗就能较好地将硅从合金中分离。以 Al 为熔剂金属提纯硅虽然除杂的效果很明显，且自身成本低廉，但是也存在着一定的缺点，首先 Al 与 Si 间的亲和力较大，而且密度相近，所以一般要利用多次酸洗的方式才能将其去除，而这在一定程度上增加了成本，因此，如何能以更低的成本有效地将高纯硅从 Si-Al 合金中分离出来，将有待进一步探索。

Emaronchuk 等人[12]在 2005 年发明了一种提纯冶金硅的新方法，首先在真空下将硅溶于镓（Ga）熔体中，待完全互溶后，再将熔体在真空下保持一段时间，去除硅中一些高蒸气压的杂质（例如 P）。之后通入氮气，使一些杂质形成氮化物被去除，再将 Si-Ga 熔液冷却，由于硅的熔点较高，会首先从熔体中沉淀出来，将此硅沉淀酸洗、过滤，利用直拉法将其拉成单晶硅锭，纯度可达 5N，制成的太阳能电池的效率达到 15%。但是，Ga 是贵金属且价格昂贵，并且此工艺需要高真空长时间处理，工艺难度大。因此，为了使 Si-Ga 合金体系更具有工业生产的现实意义，需要着重研究 Ga 的回收和再利用。

在大部分合金熔剂金属中铜被认为是最有前景的，因为通过相图的分析可知，铜在硅中的固溶度几乎可以忽略不计，而且铜通过水电解可以提取并重复使用，甚至在提纯过程中形成铜的氧化物也可以从阳极泥中通过酸洗去除。Juneja 等[13]就建议采用铜合金定向凝固结合电解除铜复合工艺提纯硅。而且铜在硅中有比较低的固溶度，并且与硅的密度相差很大，有利于在提纯硅时较轻松地去除硅铜合金，这也是硅铜合金相对于硅铝合金较优越的一点。并且铜与很多的杂质元素有比较大的亲和力，在硅中有很低的活度系数和稳定的合金相。

此外，研究人员也对其他合金体系做了探索，Koyama 等人[14]利用定向凝固工艺从 Si-45wt.%Ni 合金熔体中提拉多晶硅锭，得出在最佳拉锭速度（$0.018 \sim 0.15 \mathrm{mm/min}$）范围内得到的硅锭的晶粒最大并且杂质分离效果最好。Dawless 等通过添加合金元素去除多晶硅中的硼，当向 Si-Al 合金中添加 0.2% 的 Ti 之后，发现 B 会以 TiB_2 的形式沉淀析出。

低熔点合金提纯法起步晚，在冶金硅提纯制备方面的应用尚不成熟。目前研究较多的还是硅铝合金体系，而对硅铜、硅镓等其他硅系合金的研究也在进一步拓展。硅系合金法作为一种新型的低成本、低能耗的冶金提纯工艺在以后的多晶硅提纯方面有着非常广阔的应用前景。

7.2　定向凝固的温度梯度与凝固界面形态理论

7.2.1　合金与温度场静止的定向凝固

　　定向凝固技术的特点是在样品中存在单向的温度梯度，它对晶体的生长与溶质的分凝等都起着巨大的作用。所以对定向凝固中热流分布特点和温度梯度控制的研究，有着非常重要的意义。描述定向凝固过程中的热流，一般是用数学方法得到在特定条件下的解，对于较复杂的情况不易求解析解时，则采用数值计算。

　　合金与炉体都静止的定向凝固是发生铸锭凝固的一个基本过程。在这个基本过程中，假定下列条件：单向热流；铸件和结晶器表面存在恒定的牛顿热阻；凝固界面是宏观尺度的平面；铸件无过热，对流、辐射换热可忽略；铸件与铸型之间的热物理参数在凝固过程中是恒定的。其导热微分方程为：

$$\frac{\partial T_s}{\partial t} = a \frac{\partial^2 T_s}{\partial x^2} \tag{7-1}$$

　　式（7-1）的边界条件为：当 $x = s$ 时（s 是已凝固部分的长度），$T = T_f$（常数）；当 $x = 0$（铸件与铸型的分界面）时，$T = T_0$（常数）。式（7-1）的通解为：

$$T_s = A + B \mathrm{erf} \left(\frac{x}{2\sqrt{a_s t}} \right) \tag{7-2}$$

式中，A、B 为常数；erf 为误差函数。

　　由边界条件可知，$\dfrac{x}{2\sqrt{a_s t}}$ 为常数，用 φ 表示，则已凝固部分长度为：

$$s = 2\varphi \sqrt{a_s t} \tag{7-3}$$

结晶生长速率为：

$$v = \frac{\mathrm{d}s}{\mathrm{d}t} = \frac{2a_s \varphi^2}{s} \tag{7-4}$$

　　可见，随着结晶生长的进行，生长速率是减小的。同时，生长界面离激冷板距离增大，固相的热阻逐渐增大，使界面前沿温度梯度 G_L 减小，由于凝固中 v 和 G_L 都是变化的，使凝固组织不能保持恒定，最终导致等轴晶的出现。

7.2.2　Bridegman 铸件移出法的热流分析

　　Bridegman 铸件移出法（withdrawal method）是工业与实验室应用最广泛的一种方法。其基本原理是，有一层隔热材料将加热区和冷却区域分开，铸件以一定速率由热区向冷区移动，从而实现定向凝固。

根据导热微分方程，对于圆柱形铸件，忽略沿四周方向的径向温度梯度，并假设 $k =$ 常数，那么沿圆棒运动方向，其二维（轴向和径向）导热微分方程为：

$$\frac{k}{\rho c_p}\left(\frac{\partial^2 T}{\partial x^2} + \frac{1}{r}\frac{\partial T}{\partial r} + \frac{\partial^2 T}{\partial z^2}\right) - v'\frac{\partial T}{\partial z} = \frac{\partial T}{\partial t} \tag{7-5}$$

式中，v' 为圆棒向下运动的速率，通常称为抽拉速率。

对于导热性能良好细小截面铸件，径向热流通常可以忽略，当加入解热层时，径向热流可大大减小，这时一维方程可以精确地描述铸件中的传热。对于稳态 $\left(\frac{\partial T}{\partial z} = 0\right)$ 的一维热流，式（7-5）可简化为：

$$\frac{k}{\rho c_p}\frac{\partial^2 T}{\partial z^2} - v'\frac{\partial T}{\partial z} = 0 \tag{7-6}$$

设 $a = \frac{k}{\rho c_p}$，并假设结生长速率 v 与抽拉速率 v' 相等，则式（7-6）成为：

$$a\frac{\partial^2 T}{\partial z^2} - v'\frac{\partial T}{\partial z} = 0 \tag{7-7}$$

根据式（7-7）可导出 G_L 和 R 的关系。

在上述定向凝固过程，试样固相 z 截面的热平衡方程可写为：

$$Q|_z - Q|_{z+dz} = Q_{\text{ext}} \tag{7-8}$$

式中，Q_{ext} 为单位时间内微元体 dz 传输的冷却介质中热量。对于半径为 r 的圆柱形铸件，式（7-8）可写为：

$$\pi r^2 k_S\left(\frac{dT}{dz}\right) - \pi r^2 k_S\left(\frac{dT}{dz}\right)_{z+dz} = h(T - T_0)2\pi r dz \tag{7-9}$$

式中，h 为铸件与冷却介质的复合换热系数；T_0 为冷却介质温度；T 为 z 处铸件的温度。

由导数定义，式（7-9）可转化成：

$$\frac{d^2 T}{dz^2} = \frac{2h(T - T_0)}{k_S r} \tag{7-10}$$

将式（7-10）代入式（7-7），可得 z 处的固相温度梯度为：

$$\left(\frac{dT}{dz}\right)_S = \frac{2h(T - T_0)a}{vk_S r} = G_S \tag{7-11}$$

如果固-液相是温度恒定的等温面，则单向凝固界面处有能量守恒方程为：

$$\rho_S LV = k_S G_S - k_L G_L \tag{7-12}$$

式中，L 为结晶潜热。

将式（7-11）代入式（7-12）得：

$$G_L = \frac{1}{k_L}(k_S G_S - \rho_S Lv) = \frac{1}{k_L}\left[\frac{2h(T - T_0)a}{vr} - \rho_S Lv\right] \tag{7-13}$$

式（7-13）反映了生长速率 v、铸件截面尺寸 r 和换热系数 h 对 G_L 的影响。细小截面和低的生长速率有助于提高液相温度梯度。由于提高 G_L 对于获得良好的定向凝固组织又有决定性的作用，故在设计定向凝固设备时，应首先考虑如何获得高的 G_L。

7.2.3　凝固的界面形态

晶体生长过程中界面是否稳定，关系晶体生长过程是否能人为控制，也影响晶体长成后的溶质分布，在定向凝固过程中尽量要控制在晶体生长时固-液界面的平坦及稳定性，其决定最终凝固后的组织形态。

在合金定向凝固时，当合金体系确定后，定向凝固的固-液界面的形态及稳定性主要取决于定向凝固系统的温度梯度和固-液前沿的浓度梯度。二者间的相互作用确定一项定向凝固的参数 G/v（G 为系统的温度梯度，v 为定向凝固的速率），随着 G/v 的增大，定向凝固固-液界面形态的演化为：

平面状—胞状—胞/枝状—枝状—细胞状—平面状（绝对稳定平面）

在常规的定向凝固中，固-液界面最常见的状态为平面状、胞状和枝状，三种界面形态下形成的界面组织构成了定向凝固理论和工业应用的基础。

当 G/v 非常大（对应于低速高梯度）或非常小（对应于超快速定向凝固）时，界面将保持平界面状态。需要说明的是，平坦的固-液界面是指在宏观上是平坦的，在微观上，由于熔化熵小于 2，所以固-液界面是粗糙的。

随着 G/v 值的增加，在界面前沿会出现成分过冷，平坦界面的稳定性将被破坏。如果固液界面前形成了成分过冷层，于是平坦界面在干扰下产生一系列的凸缘，对 $k<0$ 的溶质，随着晶体的生长，在界面前沿不断地排出溶质。由于凸缘不仅沿原生长方向（纵向）生长着，而且在垂直于原生长方向（横向）也生长，于是在纵向和横向都有排除溶质。这就称为"三维分凝"。三维分凝的结果使相邻凸缘间的沟槽内的溶质增加得比凸缘尖端更为迅速。而沟槽中的溶质扩散到"大块"熔体中的速度又较凸缘尖端小，于是沟槽中溶质将富集，形成浅胞状界面。由于熔体的凝固点随浓度增加而降低，因而使沟槽不断加深，在一定的凝固条件下界面可达一稳定的形状。胞状界面的几何形态由干扰引起的凸缘的初始分布所决定。如果干扰所产生的凸缘是按二维密排点阵分布，并且每个凸缘都是一正圆锥体。如沿生长方向观察，凸缘的生长是按同心圆的形式向外扩展的。在圆锥体间富集溶质，形成较深的沟槽。当相邻的圆锥相交后继续生长，就形成了胞

状界面上的六方网状的沟槽。如果干扰所形成的凸缘是按二维正方点阵分布的，则将产生具有正方网状沟槽的胞状界面，同样，如果凸缘是无规则分布的，则胞状界面上的沟槽也是无规则的。由此可见，胞状界面的形态取决于干扰产生的凸缘的初始分布。

随着 G/v 值的继续增大，胞晶的生长方向开始转向优先的结晶生长方向，胞晶的横断面也将受扰动的影响而出现凸缘结构。当凝固速度进一步增加时，在凸缘上又会出现锯齿结构，此即通常所说的二次枝晶臂，把出现二次枝晶臂的胞晶称为胞状树枝晶。胞状树枝晶的主干称为一次臂，由于它是由胞晶发展而来的，因此，许多一次臂是来自一个晶粒，并且它们的结晶取向一致。对于溶质量少或凝固温度范围很窄的合金，其胞状树枝晶的形貌短而密，而大多数合金在足够大的凝固速度时，具有高度的分支形态，即在二次枝晶臂上还会长出三次枝晶臂。人们通常将这种一次臂与热流方向平行的高度分枝的晶体称为柱状树枝晶，但本质上这种结构和胞状树枝晶是一样的。胞状树枝晶的长大方向是密排晶面形成锥体的主轴方向，晶体生长时这些方向的生长速度是最大的。由于液相原子向固相原子排列密度较小的晶面上附着，所以垂直于这些晶面的方向长大的速度就较大。原子密度排列较小的界面，其原子配位数较少，易于以粗糙界面形式出现。（100）晶面在其垂直方向上的推进，为密排晶面（111）的侧向扩展提供原子附着台阶，于是晶体表面被（111）晶面（其法线长大速度较慢）所覆盖。

7.3 定向凝固过程中的溶质分凝理论

7.3.1 平衡溶质分凝系数

合金凝固过程中，溶质分凝现象的存在，使溶质原子在固相和液相间产生了再分配。为了表示溶质原子在固相和液相之间重新分配程度，需要引入溶质分凝系数 k。k 定义为一定温度下，凝固过程中固相和液相中溶质含量之比：

$$k = C_S/C_L \tag{7-14}$$

在平衡凝固过程中，固相和液相处于热力学平衡状态，C_S 和 C_L 由平衡相图的固相线和液相线确定。此时的溶质分凝系数被称为平衡溶质分凝系数 k_0。如果固相线和液相线是直线，则平衡溶质分凝系数 k_0 为常数，与温度、合金成分无关，只决定于熔剂和溶质的性质。

7.3.2 绝对平衡凝固条件下的溶质再分布

所谓绝对平衡凝固是液相和固相中溶质扩散完全均匀时才能达到，是一种理想的凝固状态。如图 7-1 所示，假设成分为 C_0 的合金，固相从试样的一端以平面界面的方式向液相中推进进行凝固，在 T_L 温度时，开始形成的固体成分为 k_0C_0（见图 7-1（a）），此时固相的溶质含量低于 C_0，多余的溶质从界面处排走，向液相中扩散，继续凝固时，不论固相还是液相，其溶质是逐渐富集的。

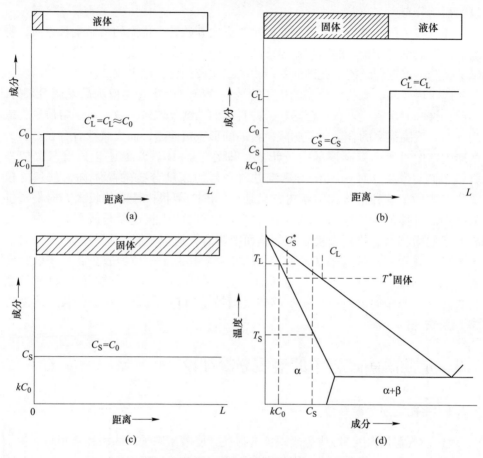

图 7-1 绝对平衡凝固条件下的溶质再分布示意图

在温度 T' 时，C_S' 与 C_L' 平衡，由于固相和液相中溶质的扩散是充分的，此时整个固相的成分都变成 C_S'，而整个液相成分都变成 C_L'，即 $C_S' = \overline{C}_S'$；$C_L' = \overline{C}_L'$，f_S、f_L 分别表示固相和液相的质量分数，可得到下列关系：

$$\overline{C}_S f_S + \overline{C}_L f_L = C_0 \tag{7-15}$$

式中，$f_S + f_L = 1$。最后，当温度下降到 T_S 时，合金完全凝固成为 C_0 成分的均一固相，如图 7-1（c）所示。

因为溶质的扩散系数只有温度扩散系数的 $10^{-3} \sim 10^{-5}$ 倍，特别是溶质在固相中扩散系数更小。因此，当溶质还未来得及扩散，温度就已经降低了很多，从而使固液界面大大向前推进，新成分的固相又结晶出来。因此，在实际生产中，对于一般的合金来说，其凝固过程是很难达到绝对平衡状态的。对于那些原子半径比较小的间隙原子如 C、N、O 来说，由于其固相扩散系数较大，在通常条件下，可以近似地认为，绝对平衡是适用的。此时，这些元素在固相中的溶质含量与固相量的关系可以表示如下：

$$C_S f_S + \frac{C_S}{k_0}(1 - f_S) = C_0 \tag{7-16}$$

$$C_S = \frac{k_0 C_0}{1 + (k_0 - 1)f_S} \tag{7-17}$$

7.3.3　液相中完全混合和仅有扩散的溶质再分布

液相中完全混合的溶质再分布与绝对平衡凝固条件下溶质的再分布的唯一差别是固相中没有溶质的扩散，如图 7-2 所示。设试样仍从一端开始凝固，开始时温度为 T_L，形成的少量固相成分为 $k_0 C_0$。当温度降至 T' 时，固相成分 C_S' 与液相成分 C_L' 平衡。由于固相中无扩散，所以开始时凝固的固相成分不变，仍为 $k_0 C_0$。沿着晶体长大方向，固相成分的变化如图 7-2 中所示的斜线部分；而液相成分由于完全混合，则平均成分 $\overline{C_L'}$ 与 C_L' 相等。在这种情况下，将 $\overline{C_L'}$ 代替 C_L，C_S' 代替 $\overline{C_S'}$，有：

$$(\overline{C_L'} - C_S')\mathrm{d}f_S = (1 - f_S)\mathrm{d}\overline{C_L} \tag{7-18}$$

式（7-18）意味着由于形成微量固体而排出的溶质量等于液相溶质量的变化。为计算固相成分 C_S' 与固相量 f_S 的关系，将 $C_L' = \overline{C_L} = C_S'/k_0$ 代入式（7-18），得：

$$(C_S'/k_0 - C_S')\mathrm{d}f_S = (1 - f_S)\mathrm{d}(C_S'/k_0) \tag{7-19}$$

或

$$\frac{\mathrm{d}f_S}{1 - f_S} = \frac{1}{k_0}\Big(\frac{1}{1/k_0 - 1}\Big)\frac{\mathrm{d}C_S'}{C_S'} = \Big(\frac{1}{1 - k_0}\Big)\frac{\mathrm{d}C_S'}{C_S'} \tag{7-20}$$

积分后得：

$$C_S' = A(1 - f_S)^{k_0 - 1} \tag{7-21}$$

式中，A 为常数。当 $f_S = 0$ 时，$C_S' = k_0 C_0$，代入得 $A = k_0 C_0$，所以上式变为：

$$-\ln(1 - f_S) = \Big(\frac{1}{1 - k_0}\Big)(\ln C_S' - \ln A) \tag{7-22}$$

$$C_S' = k_0 C_0(1 - f_S)^{k_0 - 1} \tag{7-23}$$

同理，为求液相成分 C_L' 与液相量 f_S 的关系，可将 $C_S' = k_0 C_0$ 及 $f_S = 1 - f_L$ 代入式（7-23）可得：

$$C_L' = C_0 f_L^{k_0 - 1} \tag{7-24}$$

从固相成分 C_S' 的表达式和液相成分 C_L' 的表达式可以看出，随着固相质量分数 f_S 的增加（或 f_L 的减少），无论 C_S' 还是 C_L' 都要增加。之所以形成这种情况，是因为固相中没有扩散。在 T' 温度凝固时，虽然固-液界面处的固相成分为 C_S'，但与绝对平衡凝固的条件相比，其固相中的平均成分要比后者低，在此情况下，势必要保持更多的液相，甚至在温度降低到图 7-2 中所示的共晶温度时仍有液相存在。这些保留下来的液相，在温度下降到共晶温度以下时凝固成共晶组织。

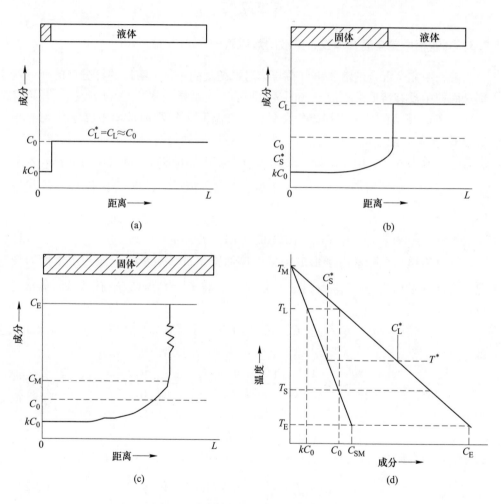

图 7-2 液相中完全混合的溶质再分布

为了讨论方便，假设仅存在液相中的扩散，研究的对象仍然是单方向凝固，其固-液界面为一平面，此界面向前推进的速度以 v 表示。如图 7-3 所示，成分为 C_0 的液态合金，在温度 T_L 时开始凝固，凝固出的固体成分为 $k_0 C_0$。由于是 $k_0 C_0 <$

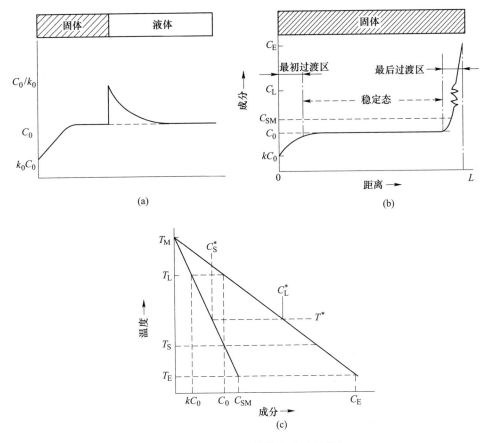

图 7-3   液相中只有扩散的溶质再分布

C_0，所以一部分溶质被排挤到固-液界面上。虽然这些原子因为要向液相中扩散而远离界面，但是扩散并不充分，以致在界面附近有溶质积累，使该处浓度大于 C_0（图 7-3）。以后界面继续向前推进时，所得到的固相成分随界面处液相成分的增高而增高，直到界面附近液体中的成分为 C_0/k_0。这时从固体中排挤到界面上的溶质原子数目和溶质原子在液体中扩散离开界面的数目相等，即达到所谓的稳定态。在稳定态中，固相成分就是合金的整体成分 C_0。由于液相与固相之间保持平衡状态，故界面处的液体成分为 C_0/k_0。此时，凝固将在 T_S 处进行。从这以后，界面上以及界面附近的条件不变，直到剩余少量的液体为止。凝固接近完毕时，由于剩下的液体过少，界面上的溶质原子在液体中的扩散受到限制，于是界面处的液体浓度又再次上升，直至全部液体凝固为止。并且，最后凝固的液体开始凝固时液体的浓度高很多。所以，即使初始凝固部分相当于单向固溶体的成分，但由于上述的偏析，也可以出现共晶。如图 7-3 所示，整个凝固过程可分为最初过渡区、稳定态、最后过渡区。

在稳定态范围内，溶质在液相中的分布方程式已由 Tiller 等人[11]推导出来。设溶质在液相中的扩散系数为 D_L，固-液界面的推进速度为 v。如图 7-4 所示，若以固-液界面为选取距离坐标 x' 的原点，即界面处 $x' = 0$，则界面附近液相中的浓度梯度为 dC/dx'。如前所述，在稳定状态下进行凝固时，从固体中排挤至界面上的溶质量等于液相中从界面处扩散的量。这就是说，在 x' 轴的任一点，其溶质浓度都是恒定的，即溶质浓度不随时间而改变，$dC_L/dt = 0$。

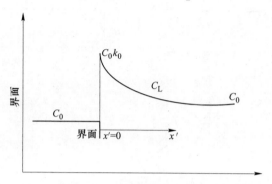

图 7-4　稳定态溶质的分布

溶质浓度随时间的变化包括两项：一项是由菲克第二定律所决定的 $D_L d^2C_L/dx'^2$，即由扩散所引起的变化；另一项是由于固-液界面相前推进所引起的，设界面推进速度（即凝固速度）为 v，而溶质浓度随距离的变化量为 dC_L/dx'。由于单位时间界面向前推移距离为 v，而造成单位时间溶质的变化为 $v dC_L/dx'$，在稳定态时，由于 $dC_L/dt = 0$，即：

$$D_L \frac{d^2C_L}{dx'^2} + v \frac{dC_L}{dx'} = 0 \tag{7-25}$$

边界条件为：

$$C_L \big|_{x'=0} = C_0/k_0 \tag{7-26}$$

$$C_L \big|_{x'=\infty} = C_0 \tag{7-27}$$

此为常系数二阶齐次微分方程，其特征方程为：

$$\lambda^2 + \frac{v}{D_L}\lambda = 0 \tag{7-28}$$

故：

$$\lambda_1 = 0; \ \lambda_2 = -\frac{v}{D_L} \tag{7-29}$$

其通解为：

$$y = C_1 \exp(\lambda_1 x) + C_2 \exp(\lambda_2 x) \tag{7-30}$$

即：

$$C_{\mathrm{L}} = A + B\exp\left(-\frac{v}{D_{\mathrm{L}}}x'\right) \tag{7-31}$$

将边界条件代入上式解出 A、B 值分别为：

$$A = C_0；\ B = C_0\frac{1 - k_0}{k_0} \tag{7-32}$$

故得：

$$C_{\mathrm{L}} = C_0\left[1 + \frac{1 - k_0}{k_0}\exp\left(-\frac{v}{D_{\mathrm{L}}}x'\right)\right] \tag{7-33}$$

以上是合金凝固时的固-液界面前沿液相中溶质分布的几种简化模型。其中，第一种模型适合于偏离平衡凝固不大的任何凝固过程的界面处液相和固相；第二个模型适合于接近平衡，同时液相中又有人为搅拌的情况，如凝固速度很小同时又有电磁搅拌的情况；第三个模型适合于凝固速度较大的定向凝固，此时容易使固-液界面不稳定，出现胞晶或枝晶生长。

7.4　低熔点 Si-M 合金的定向凝固提纯

7.4.1　Si-Al 合金体系定向凝固提纯

Si-Al 合金体系定向凝固提纯是合金定向凝固提纯中研究最为深入的。在凝固界面理论方面，Morita 等人[16]讨论了结晶出大块硅相在凝固过程中出现的可能性。假设 Si-Al 合金体系中硅晶体的生长是受扩散控制的小晶面化生长，Si 的生长速率能由式（7-34）表示：

$$v = D_{\mathrm{Si\ in\ Si\text{-}Al\ melt}}\frac{\partial x_{\mathrm{Si\ in\ Si\text{-}Al\ melt}}}{\partial x} \tag{7-34}$$

式中，$D_{\mathrm{Si\ in\ Si\text{-}Al\ melt}}(\mathrm{m}^2/\mathrm{s})$ 和 $x_{\mathrm{Si\ in\ Si\text{-}Al\ melt}}$ 分别表示 Si 的扩散系数和合金中固液内表面处 Si 的含量。如果忽略固体硅摩尔体积的变化和 Si-Al 熔体中的其他成分，并且 Si-Al 合金是在温度梯度为 $\frac{\partial T}{\partial x}(\mathrm{K/m})$ 下凝固，那么 Si 的生长速率又可以用式（7-35）表示：

$$v = D_{\mathrm{Si\ in\ Si\text{-}Al\ melt}}\frac{\partial x_{\mathrm{Si\ in\ Si\text{-}Al\ melt}}}{\partial x}\frac{\partial T}{\partial x} \tag{7-35}$$

式中，$\partial x_{\mathrm{Si\ in\ Si\text{-}Al\ melt}}/\partial x$ 表示 Si-Al 相图（图 7-5）中液相线斜率的倒数，并根据相图推导可求得 $\partial x_{\mathrm{Si\ in\ Si\text{-}Al\ melt}}/\partial x = 0.0011$，$D_{\mathrm{Si\ in\ Si\text{-}Al\ melt}} = 1.8\times10^{-8}\,\mathrm{m}^2/\mathrm{s}$。在 1173K 时的临界生长速率 v_{c} 可以由式（7-36）表示：

$$v_{\mathrm{c}} = 2.0 \times 10^{-11}\frac{\partial T}{\partial x} \tag{7-36}$$

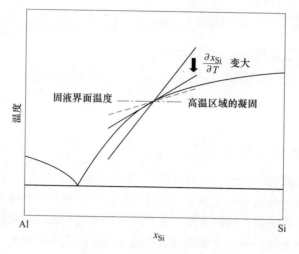

图 7-5 Si-Al 相图中 $\partial x_{Si}/\partial T$

根据此计算公式，如果温度梯度为 5000K/m 时，则其临界生长速率就为 1.0×10^{-8} m/s。在定向凝固时其生长速率为 10^{-5}（m/h）级别。而 Si-Al 合金中 Si 的临界生长速率比这小很多，因此，在利用 Si-Al 合金定向凝固提纯时几乎很难长出大块硅晶组织。

Yoshikawa 等人[16]通过实际的实验验证了上述理论，采用 Si-55.3at.%Al 合金在 Ar-10%H$_2$ 气氛中，在温度梯度为 500K/m 和 5000K/m 的温场条件下，熔化后以 0.0167K/s 的冷却速率定向凝固。得到的铸锭纵截面图如图 7-6 所示。

从图 7-6 来看，Si-Al 合金中其 Si 的晶粒呈较为细小的针状，这与上述理论推导的结果一致。因此，在利用 Si-Al 合金定向凝固提纯时加入感应电磁场，有利于提高 Si 在合金铸锭中的聚集度，从而减少酸洗分离时硅的损失。

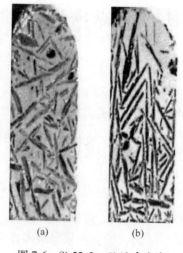

(a)   (b)

图 7-6 Si-55.3at.%Al 合金定向凝固后纵截面形貌图

温度梯度：（a）500K/m；（b）5000K/m

在溶质分凝方面，Morita 课题组[16]利用上述实验结果和理论推导对 Si-Al 合金定向凝固部分杂质的分凝系数进行计算，结果如图 7-7 所示。其中 Fe、Ti 的分凝系数是由热力学计算所得，P、B 是由实际实验数据所得。

从分凝效果来看，相较于 Si 的直接定向凝固，Si-Al 合金对部分杂质元素有更好的吸附能力，提纯效果更好，其工业化前景就将更广阔。

元素	杂质在Si-Al合金中分凝系数(1273K)	杂质在Si中分凝系数
Fe	5.9×10^{-9}	6.4×10^{-4}
Ti	1.6×10^{-7}	2.0×10^{-4}
P	8.5×10^{-2}	3.5×10^{-1}
B	2.2×10^{-1}	8×10^{-1}

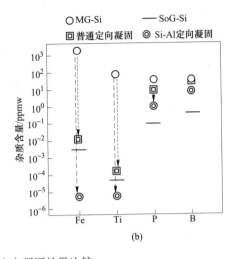

(a)　　　　　　　　　　(b)

图 7-7　Si-Al 合金定向凝固效果比较

（a）杂质分凝系数比较；（b）除杂效果比较

7.4.2　Si-Cu 合金体系定向凝固提纯

由于 Cu 在 Si 中的扩散系数等与 Al 存在差异，使得 Si-Cu 合金定向凝固提纯与 Si-Al 合金体系有所不同。Aleksandar 等人[17]利用电磁熔炉熔炼 50wt.%的冶金级硅和 50wt.%的电子级铜混合物，以氩气为保护气体，加热至 1450℃熔化并保温 1h，再以 0.66℃/min 的降温速率进行定向凝固冷却至室温得到硅铜合金。再将此硅铜合金粒度研磨至微米级别，利用重力分离技术分离出纯硅相与合金相。再将得到的颗粒进行微观形貌和元素分析，通过分析可知硅铜合金主要以 Cu₃Si 相存在，部分杂质元素在固体硅和合金相的分离系数如图 7-8 所示。

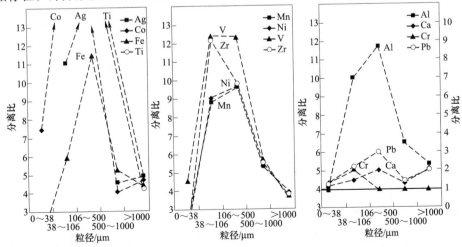

图 7-8　部分杂质元素在经过重力分离的 Si-50wt.%Cu 中的分离比

由于对于纯硅的提纯采用的是重力分离法，所以这里分离比被表示成：

$$k = \frac{C_{Cu_3Si}}{C_{Si}} \tag{7-37}$$

这样得到的分离比可以很好地表征硅铜合金的除杂能力，分离比越大，杂质的去除效果越好。

厦门大学罗学涛课题组利用定向凝固相关理论在 Si-Cu 合金提纯硅方面有很多深入的研究[18,19]。采用 Bridgman 铸件移出法定向凝固 Si-Cu 合金，在凝固时选用三种不同的拉锭速度进行凝固。由于拉锭速度的不同，对凝固界面的形态的稳定性产生了不同的影响，从而得到不同宏观形态图，如图 7-9 所示。

图 7-9   铸锭纵截面宏观组织照片[19]

（a）100mm/h；（b）50mm/h；（c）10mm/h

从图 7-9 的宏观形态可以看出，铸锭都存在树枝状晶和柱状晶，并且生长趋势都由侧壁向中心轴倾斜。产生柱状晶的原因是在晶体生长的过程中，表面能较小的晶粒生长速度较快，产生横向生长从而抑制了周围生长速度较慢的晶粒生长，形成粗大的柱状晶。随着凝固的进行，液体中的杂质浓度逐渐升高。当界面前沿液体中的实际温度低于溶质分布决定的凝固温度时产生成分过冷，造成温度梯度与凝固速率的比值增大，固液界面成树枝状生长从而形成枝状晶。

图 7-10 为不同拉锭速度定向凝固后得到部分杂质沿铸锭纵向的分布情况。从图中可以看出，Fe、Al、Ca 元素在沿铸锭纵向方向上存在明显的分凝行为，对比 10mm/h、50mm/h 和 100mm/h 的实验结果可以发现，10mm/h 铸锭硅相中 Fe、Al、Ca 含量明显低于 50mm/h 和 100mm/h 铸锭。根据定向凝固溶质再分布理论，对于 Si-Cu 合金体系在定向凝固时先凝固的固相为纯硅相，当凝固速度很慢时，溶质于液相中能完全扩散，即造成在凝固完成后富集于硅铜相中的杂质含量较高。随着凝固速度的加快，溶质于液相的扩散会逐渐转变为有限扩散。此时在凝固过程中富集于液态硅铜相中的杂质含量会逐渐减少，从而造成分布于硅相中的杂质含量升高。

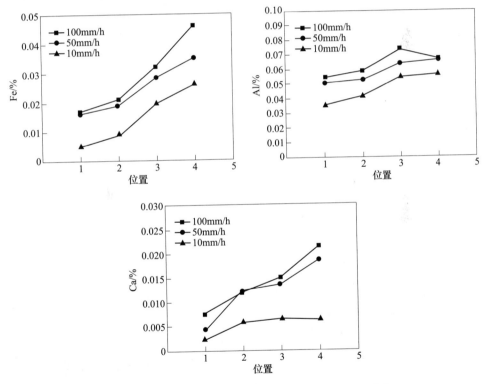

图 7-10 Si-Cu 合金定向凝固后杂质在硅相中的位置分布

7.4.3 Si-Sn 合金体系定向凝固提纯

根据 Si-Sn 相图（图 7-11）可知，硅与锡的密度相差较大，在熔融状态下可互溶形成硅锡合金，但在凝固过程中并没有共晶合金相形成。利用这种特性可以实现硅锡分离。

铸锭顶部宏观形貌照片如图 7-12 所示[20]。定向凝固后硅锭顶部中间会有较大鼓起，这主要是因为在定向凝固过程中，石墨坩埚是由上往下缓慢下移出发热体，因此铸锭的冷却方向是由底部指向顶部的。并且由于硅热缩冷胀的特性，因此熔融液体凝固过程中体积增大，使得硅液从底部向上挤。当完全凝固后，即内部有一部分溶液最后被挤到上部液面，使得铸锭中间鼓起。

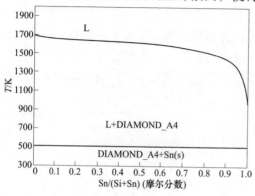

图 7-11   Si-Sn 合金相图

图 7-12   定向凝固后铸锭表面形态

分别以 10mm/h、100mm/h 拉锭速度的两个铸锭，其纵截面形貌如图 7-13 所示[20]。由于拉锭速度的差异，使得其中锡相偏析的区域有所不同，其中 100mm/h 拉锭速度的硅锭锡相的聚集的位置主要在硅锭的中间区域，而 10mm/h 拉锭速度的硅锭锡相聚集的位置主要在硅锭的上部区域。

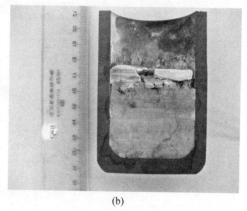

(a)   (b)

图 7-13   不同拉锭速度下的铸锭纵截面宏观组织照片[20]

拉锭速度：（a）100mm/h；（b）10mm/h

拉速为 100mm/h 的铸锭锡相的偏析区域主要集中在铸锭中间部分，这主要是因为在坩埚以较快的速度拉离加热区时，散热最快的部分不是坩埚的底部而是在坩埚壁部分，所以此时熔点较高的硅相会先从温度最低的坩埚壁处凝固，随着坩埚壁散热的进一步加剧，硅相继续向内生长，而液态的锡相渐渐被汇聚至坩埚的中间部分。由于坩埚是以较快的速度拉离加热区，因此离开保温区以后，坩埚上部变成了散热较快的区域，硅相同时在此处凝固，所以最后形成了图 7-13（a）的宏观结构。

拉速为 10mm/h 的铸锭在坩埚的顶部凝固着大量的白色的锡相，硅相较多地聚集在坩埚的中下部。形成这种现象的原因主要是坩埚以较慢的速度拉离加热区，此时散热最快的部分是坩埚的底部，熔点较高的硅相会先从温度最低的坩埚底部凝固，将液态的锡相逐渐推至坩埚的顶部。

图 7-14 为铸锭的微观形貌图。从图 7-14（a）中可以看出，铸锭中硅相的组织结构主要以枝状晶为主。主要原因是在合金体系中，定向凝固的界面形态主要取决于两个因素：一是定向凝固系统的温度梯度，二是定向凝固界面前沿的浓度梯度。而界面前沿的浓度梯度又与凝固的速度直接相关，二者之间的相互作用（即温度梯度与凝固速度之间的比值）对凝固的形态稳定性有着重要影响。当二者比值非常小时，凝固界面是平面状，当比值增大时凝固界面向胞状转化，当比值继续增大时胞状会转变成枝状，当比值更大时凝固界面会转变成细胞状，而最终比值非常大时，界面形态又会转变成平面状。在本实验中，采用的是控温发热体形成温场，温场在发热体内部温度较均匀梯度很小，但发热体下部与保温桶末端的一定区域内温度梯度相差很大，所以在 100mm/h 的拉速进行拉锭时，发热体内温度梯度与凝固速度的比值较小，凝固时的界面主要胞状形态。当坩埚拉离发热体下部时，整个坩埚处在一种温度梯度很大的环境中。由于凝固速率一定，此时胞状晶开始向优先结晶生长方向生长，开始形成枝状晶，直至凝固过程结束。

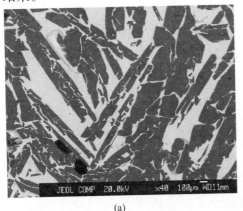
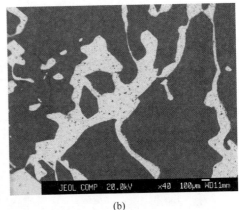

(a)　　　　　　　　　　　　　　　　(b)

图 7-14　不同拉锭速度下的铸锭形貌对比

拉锭速度：（a）100mm/h；（b）10mm/h

　　图 7-15 与图 7-16 为不同拉速下铸锭样品的 EPMA 面扫描分析图。由图 7-15 可以看出，图中亮白部分主要是 Sn，而黑色较暗部分主要是 Si，各元素在两相中的分布存在较大差异。Fe、Mn 在所选面扫描区域含量很少，Fe 只有在晶界处略有聚集，Mn 主要富集在锡相中，但所含含量也不高。而 Al 在锡相内形成了明显的沉积相。Ca 在两相之间差异较大，Ca 杂质在硅相中无明显聚集，但却富集在锡相中。P 元素在两相之间的分布较为平均，但 B 元素主要吸附在锡相中。

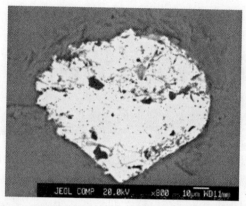

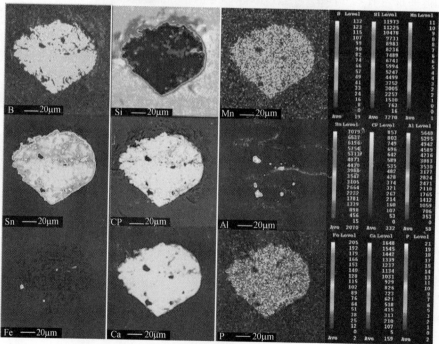

图 7-15　100mm/h 铸锭面扫描分析图

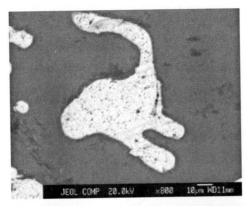

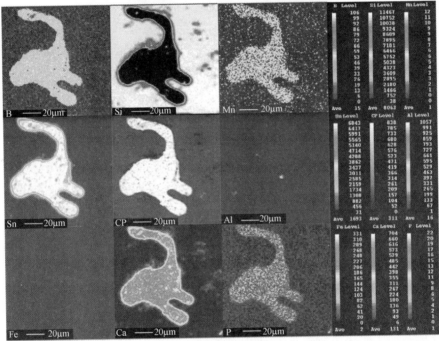

图 7-16 10mm/h 铸锭面扫描分析图

由图 7-16 可知，10mm/h 铸锭面扫描规律与 100mm/h 铸锭基本一致，只是此面扫描区域中 Ca 含量较高且 Fe、Al 含量更低。通过分析这两铸锭面扫描分析图可知，在所得铸锭中，锡相对各杂质元素都有吸附作用，对金属元素和 B 的吸附作用较强，对 P 的吸附作用相对较弱，Al 在锡相中能形成沉淀相聚集度高，Fe 在晶界处聚集较多。

对两铸锭样品进行宏观形貌分析可以得出，拉速为 100mm/h 铸锭中锡相主要分布在铸锭的中间区域，硅相主要分布在铸锭的外部和上部。拉速为 10mm/h

铸锭中锡相主要分布在铸锭的上部，硅相和部分少量锡相在铸锭中下部均匀分布。从样品的微观形貌分析可以得出，两相之间并无明显的中间相或过渡相存在，两相的分离较为明显但是不存在微裂纹结构。锡相类似于以一种片层结构附着在硅相上，这种结构很难利用破碎在重力分离的方法进行分离，但有利于采用破碎酸洗的方法进行分离。对两铸锭样品组织结构特征进行分析可以得出，100mm/h 铸锭中硅相主要以枝状晶结构存在。10mm/h 铸锭中硅相主要以胞状晶结构存在。对两铸锭样品进行 EPMA 面分析可以得出，锡相对 Fe、Al、Ca、P、B、N、C、Cu 都有吸附作用，对 Ca、Fe、B 的吸附作用相对较强，对 Al、P 的吸附作用相对较弱，并且 Al 在锡相内形成了明显的沉积相。

参 考 文 献

[1] Kotval P S H, Strock N Y. Process for the production of improved refined metallurgical silicon [P]. USA061684324. 2, 1993.

[2] Obinata K N A. Study on purification of metallurgical grade silicon by Si-Al alloy [J]. Science Republica Ritu, 1957, 29 (5): 118.

[3] Yoshikawa T, Morita K. Removal of B from Si by solidification refining with Si-Al melts [J]. Metallurgical and Materials Transactions B, 2005, 36 (6): 731-736.

[4] Shimpo T, Yoshikawa T, Morita K. Thermodynamic study of the effect of calcium on removal of phosphorus from silicon by acid leaching treatment [J]. Metallurgical and Materials Transactions B, 2004, 35 (2): 277-284.

[5] Teixeirak L A V, Morita K. The thermodynamic properties of CaO-SiO_2 slags [J]. ISIJ International, 2009, 49 (6): 125-128.

[6] Teixeirak L A V, Yoshikawa T, Morita K. Behavior and state of boron in CaO-SiO_2 slags during refining of solar grade silicon [J]. ISIJ International, 2009, 49 (6): 125-128.

[7] Yoshikawa T, Morita K. Removal of phosphorus by the solidification refining with Si-Al melts [J]. Science and Technology of Advanced Materials, 2003, 4 (6): 531-537.

[8] Yoshikawa T K, Arimura K, Morita K. Boron removal by titanium addition in solidification refining of silicon with Si-Al melt [J]. Metallurgical and Materials Transactions B, 2005, 36 (6): 837-842.

[9] Morita K. Refining of Si by the solidification of Si-Al melt with electromagnetic force [J]. ISIJ International, 2005, 45 (7): 967-971.

[10] Morita K. Continuous solidification of Si from Si-Al melt under the induction heating [J]. ISIJ International, 2007, 47 (4): 582-584.

[11] Yoshikawa T, Morita K. Refining of silicon during its solidification from a Si-Al melt [J]. Journal of Crystal Growth, 2009, 311 (3): 776-779.

[12] Emaronchuk I, Khlopyo I A. A new method of metallurgical silicon purification [J].

Funct. Mater. Lett., 2005, 3（13）: 596.

［13］ Juneja J M, Mukher F. A study of the purification of metallurgical grade silicon ［J］. Hydro-metallurgy, 1986, 16（1）: 69-75.

［14］ Yoshikawa T, Morita K. Silicon crystal pulling from the melt of Si-45mass%Ni alloy ［J］. ISIJ International, 2008, 94（11）: 24-27.

［15］ Robert K D, Monroeville P. Boron removal in silicon purification ［J］. United States Patent, 1982, 14（3）: 74-77.

［16］ Yoshikawa T, Morita K. Refining of Si by the solidification of Si-Al melt with ectromagnetic force ［J］. ISIJ International, 2005, 45（7）: 967-971.

［17］ Mitrašinović A M, Utigard T A. Refining silicon for solar cell application by copper alloying ［J］. Silicon, 2009, 1（4）: 239-248.

［18］ 黄柳青. 硅铜基合金精炼去除工业硅中典型杂质的基础理论研究 ［D］. 厦门: 厦门大学, 2018.

［19］ 沈晓杰. 采用 Si-Cu 合金定向凝固法提纯太阳能级多晶硅的工艺研究 ［D］. 厦门: 厦门大学, 2011.

［20］ 吴浩. Si-Sn 合金定向凝固结晶行为及其杂质的分离研究 ［D］. 厦门: 厦门大学, 2012.